부모 되기의 철학

네덜란드의
키잡이 부모 교육

스티네 옌선·프랑크 메이스터르 지음

금경숙 옮김

생각의집

〈TOP 5〉에서는 각각의 주제에 맞는 5개의 작품들을 소개하고 있습니다.
이 중 간혹 국내에는 개봉되지 않은 영화도 있고, 출간되지 않은 책도 있지만,
그 줄거리 만으로도 이 책의 주제를 설명하고 있기에 긴 고민끝에
원서에 있는 내용대로 실었습니다.

오늘도 육아를 하며 살아가는
모든 엄마, 아빠를 응원합니다.

차례

들어가며

갈팡질팡 키잡이 증후군

" 스티네 "

나는 철학자, 작가, 방송 제작자이자, 일곱살 딸을 키우는 싱글맘이다. 내 딸은 일주일에 사흘은 나와 함께, 나머지는 아이 아빠와 함께 산다. 딸아이가 나와 지낼 때면, 우리는 무척 즐거운 시간을 함께 보낸다. 나는 딸과 공 풀장, 영화관, 동물원 나들이를 하면서 엄마로서는 높은 점수를 딴다. 나라고 달리 뾰족한 육아법이 있는 것은 아니다. 그 말인즉슨, 나는 내가 좋다고 생각하는 대로 한다. 그래도 나는 육아 문제로 씨름한다.

내가 너무 즐거운 분위기를 유지하려고 하는 걸까?

텔레비전 앞에서 밥을 먹게 놔두어도 괜찮을까?

두 식구로 된 가정은 어떤 모습이어야 할까?

나는 1970년대 네덜란드 자위트홀란트주 우흐스트헤이스트Oegstgeest의 중산층 가정에서 자랐다. 우리가 살았던 타운하우스는 대부분 기독민주당 지지자들로 둘러싸여 있었다. 여동생과 나는 스칸디나비아식 양육을 받았다. 어린이는 어리지만, 지혜롭다. 어린이는 많은 책임감과 자유를 감당할 수 있다.

나는 매일 설거지하기와 일주일에 한번 요리하기 등의 집안일을 도왔고, 부모님이 지켜보는 일 없이, 알아서 밖에 나가 놀았다. 내가 원하는 것이 있으면 여느 네덜란드 아이들과 달리 언제나 부모님께 허락을 구했다. 말끝마다 '…해도 돼요?'가 붙어있었다.

한편으로 나는 남들보다 훨씬 더 독립적인 아이였다. 예를 들어 네덜란드 아이들에게는 늘 귀가 시간이 정해져 있다. 아이들은 맨날 이걸 어기려고 애쓴다. 하지만 내 부모님은 몇 시까지만 놀아야 한다는 의무적인 귀가 시간을 한 번도 입에 올리지 않았다.

"몇 시에 집에 와야 하는지 네가 잘 알겠지."

" 프랑크 "

나는 철학자, 음악인이며, 기혼이고 두 아들의 아버지다. 나는 일찍이 학생 시절에 아버지가 되어서 아들들은 스무 살, 스물두 살이다.

하나는 학생이고, 다른 하나는 음악인이자 방송인이다. 둘 다 아직 우리 집에서 사는데, 그에 대한 내 마음은 양가적이다.

아들들에게 나는 안락한 호텔인가?

집에서 내보낼 때가 된 것은 아닌가?

그들이 필요로 하는 한에는 따스한 보금자리를 제공해야 하는가?

생활비를 받아야 하는가?

아이들과 너무 친구처럼 지내는데 혹시 잘못하고 있는 것은 아닌가?

나는 네덜란드 노르트홀란트주의 암스텔페인Amstelveen에서 세 명의 형과 함께 자랐다. 부모님은 바그완 슈리 라즈니쉬Bhagwan Shree Rajneesh와 마하리쉬Maharishi 같은 동양의 신비주의 사상가들에게 영감을 받은 분들이었다. 현관에 걸린 메모판에는 온갖 격언이 적혀있었는데, 예를 들면 칼릴 지브란의 이런 시가 있었다.

당신의 아이라고 해서 당신의 아이는 아닙니다.
아이들은 스스로 자신의 삶을 갈망하는 아들과 딸입니다.
그들은 당신을 통해 태어났으나 당신에게서 온 것은 아니며,
당신과 함께 있지만, 당신의 소유물이 아닙니다.

당신은 그들에게 사랑을 줄 수는 있지만,
당신의 생각은 줄 수 없습니다.
왜냐하면 그들은 각자의 생각이 있기 때문입니다.
(…)
당신은 활이 되어, 살아있는 화살인 당신의 아이들을
미래로 날려 보내야 합니다.

부모님은 우리에게 자유를 많이 주었고, 우리가 하는 일을 격려했으며, 항상 우리를 지지해주었다. 나는 스케이트보드에 빠져있었고, 그래서 아버지는 나를 데리고 정원에 미니 램프를 지어주었다.

한 번은 이웃집 남자가 와서 스케이트장이 시끄럽다고 불평하자, 아버지는 불평하지 말라고 그에게 받아치셨다. 부모님은 우리에게 자유를 많이 주었을 뿐만 아니라 관심도 많이 주었다. 그들은 항상 우리 편이었다.

요즘 육아전문가들이 쓴 책들은 무시무시한 이미지를 서술하기도 한다. 우리가 아이들을 너무 오냐오냐하는 경향이 있다는 것이다.

육아 전문가이자 ≪응석받이 증후군Het verwende kind syndroom≫(2012)의 저자인 빌럼 더용Willem de Jong은 '테팔 청소년, 소황제 증후군'에 대해 이야기한다. 이런 현상은 네덜란드에 국한되지 않는다. 캐나다에서는 '응석받이 증후군The Pampered Child Syndrome'이라 부르고, 호주에서는 '십대들의 부자병Teenage Affluenza'라고 부른다.

아이를 떠받드는 종류도 다양하다. 교육적 차원에서 어떻게 해야 할지 생각하지 않고 아이에게 선물 폭탄을 안겨주기도 하고 칭찬을 퍼붓기도 한다. 한계선을 긋지 않고 계획 없이 키운다. 특히 한부모들은 죄책감에 많이 시달리기 때문에 자녀가 버릇이 없어져 문제위기에 처해있다. 위험한 측면이 없지 않다. 심각한 응석받이들은 우울증을 앓고 낮은 자아상을 가지게 될 가능성이 더 크고, 부모들은 '구조 헬기'(과잉보호와 통제)의 역할을 담당하기에 이른다. 빌럼 더용의 책 표지는 공주 드레스를 입은 까탈스러운 여자아이 사진인데 이는 시사하는 바가 크다.

벨기에 플란더런의 철학자 '파울 페르하헤Paul Verhaeghe'는 널리 회자된 그의 저서 ≪권위Autoriteit≫(2015)에서 똑같은 문제를 다루었다. 권위는 이제 문제적인 것이 되었다. 부모는 마땅한 권한을 잃어버렸고, 이는 심각한 사회적 결과를 낳는다. 참을성 없고 우울하며 극단적으로 분노하는 아이들의 세대가 책임지는 법을 배우지 않는다는 것이다. 또한 부모와 자녀 간 갈등도 생겨난다. "엄마가 열네 살 먹은 딸을 절친이라 부르고, 아빠는 열두 살 먹은 아들에게 '사내끼리'라고 말을 건넨다면, 그들은 대등함이라는 환상을 창조하는 것이다. 사춘기 자녀들은 그 상황을 잽싸게 지배하려 할 것이고, 갈등이 거듭되는 결과를 낳는다."

페르하혜는 '부모 학대'라는 우울한 그림을 묘사하는데, 부모가 자녀를 두려워하여 되도록 그들을 피하려고 하는 모습이다. 따라서 권위를 되찾을 필요가 있다. 부모는 자녀를 위해 더 시간을 내야 하며 '안 돼'라고 분명하게 말할 수 있어야 한다. 더 나아가 공동체가 아이를 키우는 데 어떤 역할을 맡을 수도 있다. 왜냐하면 양육은 혼자 하는 일이 아니기 때문이다.

반대의 목소리도 있다. 네덜란드 어린이는 '어린이 행복 지수Child Happiness Index' 조사 결과, 세계에서 가장 행복한 어린이의 위치를 굳건하게 차지하고 있는데, 이는 다름이 아니라 아이들이 자신의 부모들과 대등한 입장에 놓이기 때문이다. 네덜란드 어린이는 어른과 함께 대화에 참여하도록 허용되고 결정을 내리는 데도 동참할 수 있다. 그래서 아이들은 자신들의 말을 들어주고 존중받는다고 느낀다.

칸트가 말한 '자기 목소리를 내지 못하는 상태에서 벗어나는 것'이라는 계몽의 정의가 어딘가에 뿌리 내리고 있다면, 그곳은 바로 네덜란드다. 그리고 그 점은 비관적으로 볼 것이 아니라 소중히 여기고 키워야 한다. 주변 나라들은 네덜란드가 〈어린이 행복 지수〉에서 어떻게 그렇게 높은 순위를 차지하는지 궁금해한다. 영국의 신문은(영국은 16개 조사 대상국 중에 13번째다) 스트레스를 주지 않는 네덜란드 부모들의 육아법을 극찬하면서, 튤립 꽃밭에서 코를 맞댄 금발 곱슬머리 아이들의 귀여운 사진을 기사에 함께 넣었다.

하지만 이와 같은 이론도 반대의 목소리를 부른다. '행복한' 어린이를 양육의 목표로 삼아야 하는가? 아니면 네덜란드의 교육학 교수인 미샤 더빈터르Micha de Winter의 주장처럼, 아이가 시민으로서 공동체와 사회라는 집단 안에서 잘 살아갈 수 있게 하는 양육을 추구해야 하는가? 그리고 정리정돈이나 타인을 돕는 일과 같이, 첫눈에는 개인적 행복에 기여하지 않는 듯 보이는 일들을 아이들이 배우는 것은 거기에 포함되지 않는가? 본디 양육의 바람직한 결과란 무엇인가?

부모로서 이제 걱정을 해야 하나, 말아야 하나?

어떤 교육적 목소리를 따라야 하나?

전문가, 철학자, 교육이론가의 목소리인가, 세계적인 행복 연구조사의 목소리인가?

아니면 자신의 경험과 가치 판단에서 나오는 어머니, 아버지들의 목소리인가?

이러한 질문에 답을 제시하려는 육아서와 칼럼은 그사이 산더미처럼 계속 늘어나고 있다.

그 책들이 제시하는 견해는 마치 시소를 탈 때처럼 우울한 경고를 주었다가 다시 튀어오르는 용수철 처럼 부모를 오르락내리락하게 만든다.

부모들과 우리 자신이 양육자로서 하는 키잡이 역할이 이 교육 철학서의 출발점이다. 내가 지금 잘하고 있는 것일까?

프랑크와 스티네, 우리 두 사람은 2016년, 2017년에 〈육아 곡예단〉이라는 전국 강연을 하면서 이 책을 구상하게 되었다. 그리고 그 강연은 스티네가 제작한 '휴먼HUMAN' 방송사의 교육 관련 TV 프로그램에서 비롯되었는데, 2016년 봄에 방영된 〈고로 나는… 좋은 양육자다Dus ik ben …een goede opvoeder〉 라는 프로그램이다.

그 방송에서 중점적으로 다룬 문제는 '한부모 가정에서 아이가 지나친 응석받이가 되지 않도록 하는 방법'이었다.

스티네는 일곱 살 난 딸을 키우면서 자신의 양육 고민을 슬쩍 보여준다. 스티네가 딸에게 선물을 너무 많이 주는 건 아닐까? 때로는 단호하게 '안 돼!'라고 말해야 하는 건 아닐까? 그녀는 미국의 파멜라 드러커맨Pamela Druckerman이 쓴 책 ≪프랑스 아이처럼Bring Up Bebe≫을 옆에 끼고, 보르도에 있는 프랑스 학교에 견학하러 갔다. 유아들은 점심시간에 포크와 나이프를 들고 네 가지 코스 정찬을 먹고 있었다. 중학생들은 스티네가 자녀들이 텔레비전 앞에서 식사해도 좋으냐는 질문에 깜짝 놀라는 반응을 보였다. 무슨 말씀을! 아이에게 필요한 것은 '틀'이라고 했다. 그리고 부모는 네 친구가 아니라는 점을 알아야 한다고 했다. 이어서 방송에서는 자녀의 말을 들어주는 방법에 반대되는 엄격한 방법이 제시되었다.

프랑스의 소통 전문가 오리안느 브와이에Oriane Boyer는 권위적인 양육법을 쓰레기통에 던져버렸으며, 자녀가 부모의 말을 듣는 이유가 부모가 경찰관처럼 행동하기 때문이어서는 안 된다고 주장했다. 이런 방법은 아이가 청소년이 되면 문제가 생긴다는 것이다. 아무런 설명 없이

'안 돼'라고 말하며 한계선만 그어주는 부모보다 ==자녀가 하는 말을 들어주는 부모가 더 양육을 잘 할 수 있다.==

철학 연속 기획 〈고로 나는…〉은 벌써 몇 해 동안 방송되고 있지만, 스티네가 그 방송편에서처럼 폭발적인 반응을 얻은 적은 없었다. 허심탄회한 고백, 지지, 유용한 조언에서부터 격렬한 비난과 반대 의견에 이르기까지 반응은 다양했다.

🐦 **@Noortje89 _**

'#고로_나는'을 재시청했다. 나중에 스티네처럼 아이를 키우지 않겠다는 것만은 알겠다.

🐦 **@Juulmanders**

스티네의 다큐멘터리는 발가락이 오그라드는 부모 자식 관계를 보여준다. 잽싸게 축구 방송으로 채널을 돌렸다.

✉ **Marianne/ post@stinejensen.nl**

안녕하세요, 스티네.

〈고로 나는…〉은 훌륭한 방송이었어요. 방송에서, 당신의 딸(공주)이 텔레비전 앞에서 음식에 신경 쓰지 않은 채, 방울토마토를 통째로 입에 넣는 장면을 봤어요. 앞으로는 토마토를 반으로 잘라서 주시면 어떤지요? 그런 미끄러운 작은 토마토는 기도를 막기 쉬우니까요. 그걸 원하지는 않겠죠? 방송이 잘 되기를 바라고, 당신 딸에게 주도권을 넘기시는 게 아주 좋을 것 같더군요. 전직 '아이 돌보미'가 안부 전합니다.

- 마리안네

엄격함이냐, 들어주기냐, 이 두 가지 방법을 놓고 많은 사람이 자신이 선호하는 쪽으로 명확한 입장을 취했다. 그러자 다시 의문이 들었다.

양육은 의식적인 선택인가?

당신은 부모가 물려준 것이나, 한 나라의 지배적인 사고방식, 육아에 관한 공론, '시대정신' 같은 것에 어느 정도로 영향을 받는가?

우리는 〈육아 곡예단〉 강연을 하는 동안, 우리가 어떻게 자신의 육아관을 갖게 되었는지 궁금해졌다. 무엇이 우리를 양육자로 형성했으며, 산더미 같은 육아 조언 앞에서 어떻게 자신의 길을 찾을 수 있는가? 우리는 우리 자신의 육아 딜레마를 꺼내 놓았고

스티네 : '내가 아이를 너무 버릇없이 키우는 것은 아닐까?'

프랑크 : '성인인 아들들을 어떻게 집에서 내보낼 것인가?'

관객에게 그들의 딜레마는 무엇인지 물었다. 사람들은 우리가 강연 중에 나눠준 카드에 자신의 딜레마를 적었고, 우리는 강연의 후반부에 그 고민 중에 몇 가지를 골라서 다루었다. 객석에서 대답이 많이 나왔다.

청중의 딜레마는 음악 교습(강제할 것인가, 아닌가?), 아이패드·게임·스마트폰 사용, 과거·현재 파트너와의 육아 방식 충돌, 재혼 가정의 복잡한 상황, 부모와 함께 취침하는 자녀, 예의 없는 행동, 사회부적응 자녀, 옷 입는 방식, 흡연, 이성 친구 등등에 관한 문제였다. 부모들

이 느끼는 문제점들이 꽤 많이 나왔는데, 상당수는 스스로 방법을 연구하고 있었다.

> 언제 내가 개입해야 할까?
> 개입하기는 해야 할까?
> 서로 대화가 되지 않으면 어떤 방법을 선택해야 할까?

모든 딜레마가 말로 정확하게 담기지는 않았다. 질문이 숱하게 나왔는데, 딜레마 자체에 대한 것도 있었다. 문제가 사실상 누구에게 있는가? 부모인가, 아이인가? 예를 들면, 한 아버지는 아들의 '상상력이 아주 풍부하다'고 말했는데, 아들은 불가능한 조립 프로젝트를 계속하려고 하기 때문이었다. 그런데 자신이 '그 길을 함께 가주어야 하는지', 아니면 이루지 못할 욕심이라고 알려줌으로써 판을 깨주어야 하는지 궁금해했다. 가족 내의 역학 관계가 작용하는 경우도 있다. 부모들이 서로의 양육 방식에 동의하지 않기도 하고, 조부모들이 간섭하기도 하며, 한 가정 안에서도 자녀들의 성향이 다 달라서 아이마다 다른 대처가 필요하기도 하다. 양육 방침이 확실히 정해지지 않은 경우도 흔하지만, 이런 상황은 끝나지 않는 대화거리를 만들어준다. 다시 말하지만, 이는 키 잡기를 하고 있다는 표시다.

☀ 강연에서 나온 딜레마

 에리카 :

저는 남편보다 아이들을 더 잘 파악할 수 있고 남편은 너무 권위적일 때가 많다고 생각해요. 남편은 요사이 일이 많아서 집에 있는 시간이 적습니다. 그래서 남편에게 사실은 발언권이 적다고 생각하고, 어떤 규칙을 그냥 주장하기 전에 좀 더 관찰해야 한다고 보거든요. 제가 그렇게 해도 될까요, 안 될까요?

 마이클 :

우리 집에서 적용되는 규칙과 약속을 확고하게 고수해야 할까요? 예를 들면, 내 딸아이(11세)의 여자친구 아이가 얼마 전 차 마시는 시간에 휴대전화를 보고 있었습니다. 우리 집에서는 규칙에 위배되는 행동이지요. 말을 하고 넘어가야 할까요? 그런데 저는 아이의 친구들에게 우리 집 문을 열어놓고 싶기도 합니다. 그리고 아이 친구를 꾸짖어서 딸아이가 친구들 사이에서 따돌림을 받는 건 원치 않아요.

강연 참석자들은 갈팡질팡 가늠하기를 유쾌하거나 긍정적인 것이 아니라 오히려 양육자로서 실패했다는 증거로 받아들였다. 대부분의 부모가 그 때문에 괴롭다고 설명했는데, 특정한 한 가지 육아법을 선택했어야 하는데 그러기엔 자신이 덜 명확한 것은 아닌지 의문스럽기 때문이었다. 어떤 아버지와 어머니는 자신들은 아이에게 좀처럼 영향을 주지 않는다고 이야기했다. 어떤 어머니는 아이가 갈수록 욕을 자주 입에 담는다면서, 이 욕들은 학교에서 친구들에게 배운 것이라고 했다. 아이는 이제 집에서는 손을 쓸 수가 없었다. 아이는 날마다 학교에 가기 때문에, 집에서와는 다른 규범과 가치가 통용되는 사회적 환경에 놓여 있었다.

개별적 차원에서뿐만 아니라 사회적으로도 갈팡질팡 가늠하기는 문제가 되고 있다. (빌럼 더용과 파울 페르하헤의 책을 보시라.) 부모들은 어찌할 줄 몰라 당혹스러워하며 그래서 권위를 잃어버리고, 교사도 이제는 학생을 감당해내지 못한다. 우리 아이들은 곧 사회구성원이 되기 때문에, 갈팡질팡 육아는 시급한 문제로 여겨진다.

우리는 강연 중에, 오늘날 부모들은 집단적으로 '갈팡질팡 불안증후군'을 겪고 있다고 규정했다. 우리가 교육의 영역에서 올바른 결정을 내리고 있는지 우리는 내내 회의한다. 자녀에게 잠시 엄격하게 대하고 나면, 너무 엄하지 않았는지 바로 자문한다. 아이에게 잘 대해주고 나면, 내가 너무 호락호락한 것은 아닌지 의문스럽다.

그런데 이런 갈팡질팡은 어디에서 비롯되었을까? 지금의 양육자들이 사회의 근본적인 변화 몇 가지에 대해 과거로 거슬러 올라가 답을 찾기 때문이라고 우리는 짐작한다. 우리는 이른바 후기 전통사회에 살고 있다. 전통은 점점 사라지고 있다. 물론 전통은 항상 유동적이지만, 18세기 계몽주의 시대 이후로 변화는 가속화되고 있다. 계몽주의는 이성을 중시했다. 우리는 오성悟性을 갖고 사태를 비판적으로 보아야 한다. 유용하지 않다면 떨쳐버리고 좀 더 나은 것을 생각해내라! 전통이 사라진다는 것이 항상 나쁜 일만은 아니다. 여성 할례도 전통이고, 우리 개인적으로는 그 전통을 되도록 빨리 배의 바깥으로 던져버리면 좋을 성싶다. 다른 한편으로는, 전통이라고 다 쓸모없지는 않을 것이다. 다 함께 식탁에 앉아 밥을 먹는다거나, 잠들기 전에 이야기를 들려주는 일처럼 말이다. 그런 전통은 어쨌거나 우리에게 방향을 제시해주기에 버팀목이 되어준다. 그 전통들은 때로는 참 임의적이지만, 그렇다고 해서 그 중요성이 사라졌다고는 할 수 없다.

그리하여 숱한 전통적 관습은, 아무리 쓸모없고 임의적으로 보일지라도, 얼추 똑같은 방식으로 행동하고 함께 즐거이 살아가도록 해준다. 하지만 확고한 양육 전통이 없고, 이왕이면 학문적으로 뒷받침된 최선의 방법을 항상 찾아보아야 한다면, 이는 또다시… 갈팡질팡 가늠해야 한다는 의미이기도 하다.

오늘날 갈팡질팡 증후군을 앓는 사람이 많은 또 다른 이유는, 양육관의 기준이 자꾸 바뀌기 때문이다. 모든 시대는 그 이전 시대의 양육 도그마에 대해 반응하기 마련이다.

엄격한 1950년대 다음에 온 1960년대에는 권위가 비판받고, 들어주기와 공감하기가 더 가치있게 평가받았다. 반작용은 불가피했으며 그러는 동안 우리는 또다시 숱하게 격랑을 탔으니, 양육자는 한쪽 발은 아이의 말을 들어주고 아이의 입장을 중시하는 시류에, 다른 발은 엄격함이라는 시류에 걸쳐놓는 셈이 되었다. 우리는 그 상황이 혼란스러워서 회의감을 떨쳐버리고자, 어떻게 해야 하는지 말해주는 육아법이 담겨있고 잠깐은 다 훌륭해 보이는 해결책이 담긴 육아서를 사서 읽는다. 그런데 육아서를 읽는 일은 자기계발서를 읽는 일과 비슷해서, 일단 뱃머리를 돌리고 나면 계속 사서 보게 된다.

한 가지는 확실하다. 일반적으로 육아서는, 양육에 관한 문제라면 실현가능하다는 강력한 낙관주의를 장담한다는 점이다. 확실한 방법이 있으며, 개선할 수 있다고 말한다. 하지만 무엇이 자력구제인지 쉽게 정의할 수 없는 것과 마찬가지로, 육아법에서도 양육의 정의를 내리기는 쉽지 않다. 양육의 정의 - 그 목적을 설명하는 내용을 포함하여-는 그 자체로 위기에 처해있으며 모든 육아 딜레마에 우선하는 문제다.

그런 점은 육아서로 끝나지 않는다. 수많은 육아 사이트, TV 육아 교육 프로그램, 최신의 육아 도사들이 우리의 갈팡질팡함에 방향을 제시해주려고 애쓴다. 〈문제라고요? 당신은 행복한 거에요Lastige kinderen, heb jij even geluk〉 같은 공연은 문전성시를 이루고, 육아는 인포테인먼트infotainment로 탈바꿈했다. '그렇게 하시면 됩니다.' 또는 '당신에게는 전혀 문제가 없습니다. 아이가 바닥에 외투를 던졌다고 신경 쓰지 마세요. 사사건건 싸울 필요 없거든요.'라고 누가 말해주면 기분이 좋은 법이다. 올바른 양육법에 대한 확실한 방법이나 기준이 적을수록, 개인적 및 집단적 차원에서 육아 도사나 예능인, 육아 전문가가 어떻게 하라고 말해주거나 걱정에서 해방시켜주기를 더 간절하게 바란다. 하지만 갈팡질팡함은 어쩔 수 없고, 아이가 태어나기 한참 전부터 시작된다. 인기 방송인 얀 페르스테이흐Jan Versteegh(31)는 자신이 아버지가 된다는 말을 듣자마자, 왜 아버지 학교는 없는지 의아해하며 '아빠되기'를 실제로 어떻게 해야 하는지 한바탕 조사를 벌여 연작 방송을 만든다.

국외 출장을 너무 많이 가는 것은 아닌가?
앞으로 잠을 푹 잘 수 있을까? 아이가 성격이 나쁘지는 않을까?
그는 어떻게 대처해야 할까?

우리 두 사람 모두 양육자로서 의문과 좌절을 경험하기에, 강연에서 청중에게 들은 고민거리의 상당 부분이 낯설지 않았다. 하지만 철학자로서 우리는 수많은 회의에 직면할 때 기운을 얻는다는 사실을 깨닫게 되었다. 우리에게는 잘 알려진 문제였다. 갈팡질팡 증후군은 전형적인 철학자 직업병이기 때문이다.

철학자는 언제나 생각한다. 그것이 그 분야의 기초다. 미국의 철학자 도나 해러웨이Donna Haraway는 한번은 그녀의 책이 '원활한 아우토반'처럼 읽히지 않는다는 비판을 받고, 철학자는 독일 아우토반을 180킬로미터로 질주하는 데에 관심을 가져서는 안 된다고 응수한 적이 있다. 철학자라면 움푹 패고 울퉁불퉁한 길, 험난한 길, '시끄러운' 길을 택해서, 아픈 지점에 엉덩이 두 짝을 대고 앉아라. 살갗이 쓸리는 그 지점, 즉 회의에 몸을 대고 문질러라. 그리고 곱씹어라. 왜냐, 거기서 사유가 시작되기 때문이다.

철학자는 갈팡질팡 증후군을 달고 산다. 철학하기란 갈팡질팡하며 가늠하는 일이다. 사유의 기초로 회의를 중심에 두는 것이다. 두비토 에르고 숨dubito ergo sum, 나는 회의한다. 고로 나는 존재한다. 회의하기는 철학자에게 건강한 상태로, 철학의 심장을 생생하게 유지해준다. 우리는 고대 그리스 철학에서 말하는 에포케epochè, 다시 말해 판단 유예하기를 좋아한다. 우리는 해결책을 쟁반에 담아 가져다주려고 애쓰기보다는, 논쟁 자체의 가치와 의미를 연구하는 쪽이다.

철학자로서 우리는 강연 중 부모들의 육아 관련 질문에 구원을 주는 대답을 내놓지는 못했다. 그럴 의도도 없었다. 강연은 바로 양육이라고 부르는 갈팡질팡 가늠하기에 관한 것이었고, 우리는 딜레마 자체에 확대경을 놓아 보고 싶었다. 요즘 부모들의 육아 골칫거리 위에 우리의 철학적 엉덩이를 놓고 앉아서, 철학자가 자신의 키 잡기 지식을 갈팡질팡 증후군에 적용할 수 있는지 살펴보았다.

우리가 부모들의 그 회의를 생산적으로 만들 수 있을까?
할 수 있다면, 어떻게?
오늘날의 육아 문제에서 보다 통찰력을 얻는 데 철학이 도움을 줄 수 있을까?

우리는 즐거운 마음으로 이 문제를 다룬다. 더 나아가, 반대의 경우도 마찬가지인데, 철학자는 육아에서 아주 잘 배울 수 있다. 보기에는 단순한 육아 상황 뒤에는 개인과 사회 간 이해 충돌, 자연 대 문화, 자유 대 규칙에 관한 복잡한 철학적 문제가 숨어있을 때가 많기 때문이다.

철학자는 '회의하며 가늠하기'가 자신을 연구하고 사회를 분석하는 데 유용한 기초라고 본다. 키잡이가 출발하려면 하나의 사안에 여러 관점을 가지고 바라보며, 그것은 건강하고 민주적인 출발점이다. 당신이 우물쭈물하는 순간, 다양한 가치 시스템이 충돌하며 눈앞에 나타난다. 한 가지를 확실히 결정하면, 자동으로 다른 가치에 결부된다. 부모의 가치뿐만 아니라, 사회의 가치에 관한 문제이기도 하다. 갈팡질팡하게 만드는 익제에는, 자녀의 취침 시간과 그 시간을 지키게 하는 방법과 같은 현실적인 사안뿐만 아니라, 양육의 목적이 무엇이며 어떤 가치를 중심에 두어야 하는지에 관한 것도 포함된다. 모든 부모가 가정 안에서나 딴 사람들과 나누는 이런저런 대화는 양육의 어떤 상을 스케치하여 보여주며, 사회가 보다 큰 차원에서 분투하고 있는 딜레마를 드러내는 축소판이다.

이 책에서 우리는 철학자들이 즐거이 하는 일을 한다.

첫 번째, 양육에 따라오는 회의를 진지하게 받아들인다. 키를 잡고 가늠하는 일은 성가시기만 한 것이 아니라, 현대의 부모들이 살아가는 시대의 단면을 보여주기도 한다고 우리는 주장한다. 키 잡기를 내팽개치지 않고 기꺼이 연구하는 사람은 더 의식적으로 육아 방식을 선택할 수 있다.

두 번째, 우리는 육아의 혼돈에서 질서를 창조한다. 강연 중에 받은 딜레마 카드 말고도 갖가지 육아서를 끌어모아 읽었고, 교육 과정을 훑어보았으며, 육아서와 육아 강의들을 체계적으로 분류했다. 거의 모든 육아 문제는 세 가지의 통합적 양육 딜레마, 또는 그 복합적 형태로 환원된다. 우리는 이 책에서 그 기본적인 딜레마들을 개괄했다.

세 번째, 철학에서 어떤 사상, 개념, 통찰을 양육에 가져올 수 있는지 살핀다. 그에 대해 철학사를 파고들고, 현대의 관점으로 옛 철학자들을 읽는다. 마지막으로, 육아 문제에 덤벼들 수 있는 철학적 방법의 시작점을 결론에 제시했다. 그리고 그 시작점은 지체없이 양육의 복잡함을 보여주는데, 그것이 철학 자체이기도 하다. 아무리 많은 육아서가, 육아 문제를 풀려면 '그' 방법을 가정에서 써보라고 제안한다 해도, 모든 자녀에게 적용될 수 있는 '하나의' 간단한 해답은 없기 마련이다.

철학적인 키 잡기 방법이 그 문제를 해소해주지는 않지만, 거기에 확대경을 들이대어 폭넓은 문화적, 역사적, 철학적 맥락 속에 가져다 놓는다. 여러분이 그로부터 자신의 입장을 정하며, 자신의 갈팡질팡함을 보다 잘 연구하고 다지며 논증할 수 있을지 누가 알겠는가?

세 가지 통합적 딜레마란:

1. 엄격하고 권위가 있어야 하는가? 아니면 자녀의 말을 들어주어야 하는가?

2. 양육에서 자녀가 행복한 개인이 되기를 추구하는가? 아니면 사회에 참여할 수 있는 시민으로 키우는가?

3. 젠더 중립적으로 양육하는가? 아니면 남자아이와 여자아이를 구분하여 키우는가?

우리가 읽은 육아 조언 및 육아서들은 대체로 이 딜레마 중 하나를 골라서 다루면서, 그에 관해 어떤 입장을 채택한다. 유력하거나 극단적인 한 가지 입장만을 내세울 때가 잦고, 더러는 중간적 입장을 취한다.

이 책은 우리가 키잡이 딜레마라고 이름 붙인 이 세 가지 딜레마에 기초하여 세분했다. 각 부분의 시작에는 강연장에서 청중이 적어낸 사례를 다루는데, 구체적인 육아 딜레마의 대표적인 경우로 보고 선정했다. 그다음으로 해당 딜레마에 관해 철학자들이 사유한 가장 중요한 지혜를 골라서, 시대를 아우르는 이 사상가들의 이념을 간추려, 육아 딜레마에 대응시켰다. 그러고 나서 인기 있는 육아 경전을 비롯한 대중문화에서 사례를 가져와, 그 딜레마가 오늘날 어떻게 여전히 작동하고 있으며, 어떻게 예언하며 따져보는지, 때로는 명료한 선택을 하는지 보여준다. 또한 우리 자신의 육아 딜레마를 공유하여 우리 자신은 어떤 선택을 하는지 살펴본다. 고자질쟁이 프랑크는 육아 문제에 결과를 도출할 수 있는가? 스티네에게 영적인 육아는 알맞은 방법인가?

이 책은 육아 철학의 개관을 제시하고, 육아를 놓고 철학하기의 효용을 잠시 살펴보며, 철학자들이 육아에 관해 말하게끔 한다. 철학에서 팁을 가져와 거기에 닻을 내렸다. 그리고 작은 배를 타고 육아 딜레마를 설명한다.

결국 우리가 중요하게 여기는 점은, 독자 스스로 질문하고 연구하는 것이다. 당신은 양육자로서 어떤 가치를 지켜나가는가? 의식적이든 아니든간에 누구에게서 영감을 받는가?

많은 부모가 키를 잡고 가늠하는 일에 스트레스를 받는다. 우리의 조언은, 그 스트레스가 항해하게끔 하라는 것이다. 갈팡질팡함은 좋은 것이다. 갈팡질팡함은 회의에서 전진하며, 회의를 진지하게 받아들인다면 당신은 깨달음의 길로 나아가는 셈이다. 과감하게 갈팡질팡하며 가늠하라!

엄격함이냐?
들어주기냐?

제 육아 딜레마는:

제 아들 스테인은 열 두살인데, 지금 벌써 클럽 활동을 아주 많이 하고 있어요. 아이는 축구, 하키, 태권도를 했답니다. 그것만이 아니에요. 악기를 벌써 네 개째 시작했어요.

첫 번째 악기는 기타였는데 그리 잘되지 않았죠. 아이는 자기의 손이 너무 작아서 그렇다고 생각했고, 그래서 아이는 피아노 교습을 받고 싶어했죠. 그런데 피아노도 마찬가지 문제가 있었어요. 색소폰은 아이의 입술에 너무 무거웠고 지금은 드럼 교습을 받고 있습니다. 우리는 전자 드럼 세트를 별도로 사주었는데 헤드폰을 끼고 연습할 수 있게끔 말이지요. 하지만 아이는 연습을 거의 하지 않아요. 얼마 안 가 드럼 세트를 중고시장에 내놓아야 할까 봐 겁이 납니다.

아이는 뭔가 새로운 걸 시작하려고 할 때마다 다시 굉장히 열심이에요. 그때는 정말 하고 싶어 하죠. 그런데 한동안 하다 보면 차츰 흥미를 잃고 연습을 관둡니다. 아이를 밀어붙이고 싶지는 않아요. 그러면 흥미가 생기지 않는다는 걸 잘 아니까요.

저는 옛날에 학교 가기 전에 매일 30분 동안 피아노 연습을 해야 했어요. 강요 때문이어서 정말 하기 싫었죠. 피아노 방에 혼자 앉아있었는데, 온갖 방법을 동원해서 피하려고 했어요. 카세트 레코더로 제가 연습하는 어정쩡한 소리를 녹음해서 다음 날 틀기도 했습니다. 부모님은 제가 연습하는 줄 알도록 말이지요.

들어줄까,
끌고 갈까?

악기 연습에 대해 부모가 약간 갈팡질팡하며 가늠하고 있다. 우리 강연 중에도 이 주제는 반복적으로 다룬 바 있다. 우리가 청중에게 육아 딜레마를 적어달라고 요청한 카드에는, 악기 교습에 관련된 일화나 질문을 적어낸 부모들이 많았다.

 마크 :

저는 아이를 자유롭게 키우고 싶은데, 그 말은 아이가 모든 것을 결정한다는 의미인가요? 아이가 피아노 교습을 몇 달 동안 받다가 그만두겠다고 하는데 그래도 되는지요?

 에스더 :

음악 관련인데요, 아이가 연습하는지 지켜봐야 하나요? 아니면 알아서 하게 돼야 하나요? 그런데 알아서 하는 일은 거의 없네요.

 율리아 :

딸 아이가 바이올린 교습을 받습니다. 아이가 워낙 하고 싶어 해서 비싼 바이올린을 사줬어요. 지금, 한 달이 지났는데, 갑자기 하기 싫다는군요. 어떻게 해야 할까요? 억지로 떠먹일까요? 강제로 하게 해서 아이가 음악을 좋아하는 마음을 망치고 싶지는 않지만, 아이가 금방 싫증 내는 것에는 저도 짜증이 납니다.

청중의 그와 같은 고민에 대한 반응은 대체로 아주 명료했다. 스테인이 음악 교습을 받고 싶어한다면, 아이도 음악을 공부해야 한다. 그것이 규칙이어야 한다. 그가 공부를 하느냐 마느냐는 그 자신이 결정하는 것이 아니다. 결정은 그의 어머니나 아버지가 한다. 끌고 나가는 주체는 부모이지 아이가 아니다. 그러니, 엄격하라! 그런데 엄격함에 대한 분명한 처방전이 존재하지 않는다. 엄격하자면 규칙이 명료하기만 하면 되는 것일까? 명료한 규칙이란 정확히 무엇이고 이것을 어떻게 소통해야 할까? 그리고 아이가 계속 거부한다면 어떤 제재가 효과적일까? 만약 스테인이 공부가 너무 지루하다는 의사를 거듭 표현한다고 상상해보자. 그러면 아마도 부모로서 정확히 무슨 문제가 있는지 이야기는 들어보고 연구해야 할 것이다.

키를 잡고 가늠하는 부모는 두 가지 일을 다 한다. 들어주고, 규칙을 소통하며, 다시 들어주고, 규칙을 적용할지 망설이며, 곰곰이 생각해보고, 도움을 좀 청해서, 조언을 받으며, 그 조언을 다시 저울질해보고, 등등.

1950년대에 그와 같은 문젯거리에 대한 답은 육아서 한 권이면 모두 찾을 수 있었으니, 바로 벤자민 스포크Benjamin Spock의 ≪아기와 육아 Baby and Childcare≫(1946)라는 책이었다. 스포크 박사라면, 스테인은 악기를 연습해야 하고 그 규칙에는 예외가 없음을 잘 알고 있을 테다. 만약 스대인이 계속 거부한다면, 부모로서 물리적으로 관여해야 하는 상황이 벌어질 수도 있다. 스포크는 육아에 때로는 벌(다른 말로, 매)이 필요할 수 있다고 주장한다.

오늘날에는 스포크를 권위적 양육자로 간주할 수 있을 테다. 그가 중심에 두는 대상은 고유한 특성을 지닌 개별적 아동이 아니라, '일반적 아동'의 '정상적인' 발달이다. 그리고 그 정상적 발달에는 양육자의 군센 손이 필요하다. 그래도 스포크의 '권위주의적' 육아서는 1930년대에 그보다 더 권위적이었던 목소리와의 단절을 의미했다. 그래서 그의 책에서 아직 신체적 처벌은 반드시 금지되지는 않았으나, 정신적 처벌은 이미 말도 안 되는 이야기였다. 그의 저서는 여러 차례 재출간되었는데, 그때마다 새로운 시대정신에 맞게끔 내용이 수정되었다.

이후 개정판(1968, 1976, 1985, 1992)에서는 아동의 요구에 관해서도 다루게 되었다. 이제는 절대로 벌은 주지 말라고 조언했는데, 아이에게 죄책감을 주게 된다는 이유였다. 스포크는 발전한 학문적 견해를 바탕으로 이제는 아기가 계속 울게 놔두어서는 안 된다고도 주장했다. 혹시

아이가 울면, 안아서 달래주어도 좋다는 것이다.

'후기'의 스포크는 육아에서 작은 혁명이 새로 시작된 것으로 볼 수 있는데, 개별 아동의 요구가 점점 더 중요해졌고 권위는 점점 의심받았다. 1960년대, 1970년대에는 어쨌거나 모든 권위가 맹렬히 비난받았고 자유로운 양육법이 갈수록 인기를 끌었다. 시민의 권리·여성해방 운동뿐만 아니라 아이에 관한 생각도 한껏 진보했다. 우리가 어떻게 양육하느냐는 우리 스스로 결정하는 것이었고, 가장 잘 아는 사람은 아이였다. 이러한 확신의 결과물로, 아이가 해도 되는 것과 안 되는 것을 스스로 결정하게 하는 탈권위적 어린이집이 등장했다.

1970년대의 자유로운 육아법 안에서, 부모는 아이를 무척 신뢰하고 아이에게 책임감을 부여했다. 예를 들면 아이들은 이미 아주 어릴 때부터 혼자 걸어서 또는 자전거로 등교하는 데 아무런 문제가 없었다. 집 열쇠를 가지고 다니기도 했다. 1980년대와 1990년대에는 이와 같은 급진적인 자유에 다시 얼마간 족쇄가 채워졌다. 늦게 부모가 되는 경향은 우선 순위를 바꾸어 놓았다.

아이를 '갖는' 일은 점점 더 의식적인 선택이 되어갔다. 그래서 그처럼 의식적으로 선택한 아이를 그저 운명에 내맡긴 채로 키우지 않는 것이다. 이런 부모는 아이의 뒤꽁무니를 따라다녔다. 일거수일투족 바로 잡아주기 위해서가 아니라, 사회가 주는 만일의 위험에서 아이를 보호하기 위해서였다. 아이를 누구에게 마음 놓고 맡길 수 있을지 전혀 확신이 서지 않는다. '걱정 많은 부모'는 이제 어디에서나 볼 수 있다.

좀 더 긍정적으로 말해 보자면, 이런 새로운 유형의 부모는 '열성적인 부모'이기도 하다. 탈권위적인 부모는 아이를 운명에 맡겨두기 일쑤였으나, 이런 부모는 아이와 죄다 함께하고 싶어한다. 모든 부모가 그에 열광하는 것은 아니다. '나흘 저녁 걷기 대회avondvierdaagse'는 예전에는 부모 '한 명'의 인솔 하에 아이들이 통제 속에 움직이게끔 하는 교육적인 행진이었으나, 지금은 아이마다 적어도 부모 '한 명'이 함께 걷는다. 게다가 이제는 건강에 좋지 않은 '주전부리 나들이'가 되었다. 걷기 대회 참가자들은 1킬로미터도 주파하지 않거나, 아니면 첫 번째 만나는 간식 노점에서 벌써 멈춰 선다. "함께 걷는 부모가 너무 많습니다" 라고 어느 학교의 자원봉사자는 폴크스크란트지(2015.6.4.)에서 불평했다.

1970년대와 현저하게 다른 또 한 가지는, 지금은 부모가 아이를 완전히 교실 안까지 데려다준다는 점이다. 그리고 1970년대에는 어린이가 승무원의 보살핌 하에서 〈보호자 미동반 미성년자〉로서 혼자서도 비행기를 탈 수 있었는데 요즘은 점점 어려운 일이 되고 있다.

아이의 말에 귀 기울이는 육아 태도와 개별 아동의 요구에 대한 관심은 갈수록 더 중요해졌다. 거기서 부모는 아이에게 책임을 많이 부여하는 사람에서, 관심을 아주 많이 기울이는 사람으로 변하여, 아이는 응석받이가 될 소지가 있고, 그래서 권위와 엄격함이 더 필요하다고 외치는 소리가 다시 들려온다.

육아 철학의 역사는, 보편적인 규칙을 위에서 아래로 강제해야 한다는 입장의 사상가들과, 아이의 특정한 상황에 귀 기울여야 한다고 믿는 사상가들 사이에서 끊임없이 시소를 타는 모습을 보여준다. 우리는 극장 강연을 하면서, 마지못해 양쪽 흐름에 다 편승한 부모가 많다는 점을 알게 되었다. 그런 부모들은 엄격하고 일관성이 있어야 한다는 말을 들으면서도, 아이의 말을 경청해야 한다는 말도 듣는다. 그중 어떤 부모는 다음과 같은 육아 딜레마를 적어냈다.

제게 큰 딜레마는, 제가 얼마나 참고 이해해야 하는지입니다. 예를 들면, 학교 갈 때 신발 신고 외투를 입는 일에서 말이지요. 천년만년이 걸리기도 합니다. 저는 어떨 때는 도와주는 쪽을 선택하기도 하고, 어떨 때는 엄격하고, 어떨 때는 되는 대로 하고 그래요. 어떤 기준이 없는 셈이죠.

17세기와 18세기 철학자들 사이에서는 엄격함의 여부를 놓고 그와 비슷한 논쟁이 일어났는데, 철학 논문들에서 그 내용을 찾아볼 수 있다. 영국 사상가 존 로크John Locke는 아이에게 상당히 자유방임하는 태도였으며 아이를 개성있는 구체적인 존재로 보고자 했는데 그 시대에는 아주 비전통적인 관점이었다. 독일 철학자 임마누엘 칸트Immanuel Kant는 그 문제에 대해 엄격한 양육과 보다 명료하고 보편적인 규칙을 옹호하는 입장이었다.

우리는 이 키잡이 딜레마에서 칸트와 로크 사이의 대결을 맨 앞에 설명할 것이다. 그다음 칸트와 로크의 사상과, 그 두 가지 사이의 대결이 어떻게 대중문화에 항상 작용하고 있는지 살펴본다.

그 첫 번째 예는 에이미 추아Amy Chua의 책 ≪타이거 마더Battle Hymn of the Tiger Mother≫를 둘러싼 논란이다. 이 중국계 미국인 엄마는 '물렁한' 서구의 부모들을 향해, 그들이 항상 자녀들의 비위를 맞춰준다고 말했다.

두 번째 예는 갈팡질팡 증후군이 흥하는 현상이다. 네덜란드에서 육아서적이 산더미처럼 불어나는 상황에서 유명인들은 이 중후군을 더 키우고 있다. 각각의 유명인들은 권위가 더 필요하다고 주장하지만, 그러면서도 자신의 실패담을 책에서 과시한다. 그들의 책에 확대경을 대고 살펴보았다. 마지막으로, 육아 논쟁에 영향을 주는 동양 철학을 살펴본다. 영적으로 육아를 할 경우에는, 양육에 '실패'를 하더라도 양육자는 사랑으로 충만하며 안심하게 된다. 요컨대 이 사고방식에 따르면 완벽한 부모란 존재하지 않기에, 당신이 배울 수 있는 유일한 것은 자신과 아이의 목소리를 진정으로 듣는 일이다. 이 세 가지 사례를 들고 난 다음에, [키잡이 딜레마 1]을 마무리하며 '엄격함 대 들어주기 키잡이 딜레마'의 타개책을 제시하는데, '영국 철학자 아이제이아 벌린Isaiah Berlin의 소극적 자유와 적극적 자유 개념을 소개한다. 오늘날의 육아 논쟁 의제에 아주 적합해 보이며, 갈팡질팡하는 우리에게 의미 있는 통찰을 줄 수 있는 개념이다.

칸트 VS 로크
규칙이냐, 습관이냐?

독일 철학자 임마누엘 칸트1724-1804가 음악 연습을 싫어하는 스테인의 이 고민을 듣는다면 그냥 연습해야 한다고 말할 것이다. 아이들은 그저 모든 것을 배워야 하며, 그것이 항상 즐거운 일만은 아니다. 뭔가를 배우는 데에는 엄격하고 일상적인 규칙성이 필요하다. 훈육! 스테인은 음악 수업을 준비해야 하고 불평해서는 안 된다. 아이가 울거나 투정 부릴 때 관심을 주는 사람은 그에 대한 보상을 해주기 마련이다. 아이들은 그 효과가 분명하기 때문에 투정 부리기를 멈추지 않을 것이다. 만약 스테인이 연습하기를 계속 거부한다면, 어머니는 결국엔 벌을 주어야 한다.

이미 열두 살인 스테인이 아직도 규율에 따라 학습하지 못한다는 사실은 양육자가 어떤 잘못을 했다는 의미다. 칸트에 따르면, 교육에는 훈육, 문화화, 시민화, 도덕화라는 네 가지 단계가 있다. 음악 연주는 문화화에 속한다. 그런데 스테인의 경우에는 이미 훈육 단계에서 잘못되었다.

첫 번째 단계는 주로 어린아이의 충동을 길들이는 문제에 관련된다. 어린아이는 아직 어디로 튈지 모르는 천방지축이고 훈육하지 않으면 앞으로도 쭉 그 상태로 살아갈 것이다. 여기서 칸트의 견해는 누구나 원죄를 가지고 세상에 태어났다는 기독교적 사고처럼 보인다. 아담과 이브가 낙원에서 금지된 과일을 먹음으로써 순종하지 않았을 때, 하나님은 벌로써 그들을 낙원에서 쫓아냈을 뿐만 아니라, 그들의 행위가 낳은 결과 때문에 앞으로 모든 인간이 아담과 이브의 죄를 지니고 살아가도록 했다. 이 교리에 따르면 갓난아기도 이미 죄를 지었다.

하지만 칸트가 그 정도로 무정하지는 않아서, 동심의 명랑함도 언급하는데, 양육자는 그 명랑함을 지니려고 해야 한다. 그런데 칸트가 아이들에게 신경 쓰이는 점은, 아이들은 종종 말을 듣지 않고 끔찍하게 무질서하기도 하다는 사실이다. 엄격하고 빈틈없는 일과표와 등교·식사·오락·취침 시간의 명료한 규칙을 지체없이 적용함으로써, 부모는 그 문제에 얼마간 대처할 수 있다.

어쩌면 스테인의 어머니가 철저하고 엄격하게 대처하고 싶지 않았던 까닭은, 스테인의 기분이 '좋지' 않을 것이라 생각해서였을 지도 모른다. 이에 관해 칸트는, 교육을 받는다는 것은 공부와 마찬가지로 항상 즐거운 일은 아니라고 분명히 말한다.

칸트는 이렇게 썼다. "많은 사람이 자신의 생애에서 가장 즐겁고 좋았던 시기가 유년기라고 생각하지만, 사실은 그렇지 않다. 엄격한 훈육을 받으며, 자신의 친구를 선택하고 자유롭게 지내기가 좀처럼 어렵기 때문에 가장 어려운 시기이다."

또한 칸트는 아이들이 자유 의지를 잘 사용할 수 있도록 모든 것을 제공해야 한다는, 널리 알려진 주장을 편다. 여기서 칸트는 루소(키잡이 딜레마 다음 편에서 다룬다)와 로크(이 키잡이 딜레마 뒷부분에 다룬다)를 떠올렸음이 틀림없다. 칸트에 따르면, 그렇게 제공하려고 때로 시도해볼 수는 있으나, 늘 그래서는 안 된다. 그렇지 않으면 아이들은, 종종 그냥 해야하므로 해야한다는 당연한 사실을 배우지 못한다.

궁극적인 목표는 원하는 일과 해야 하는 일이 일치하는 것인데, 아이들은 해야 하는 것을 하고 싶어 하고, 하고 싶어 하는 것을 해야 한다는 말이다. 그러면 아이들의 장래에 매우 유익하다. 어쨌든 우리가 세금을 납부하거나 회사에서 일하는 것도 즐거워서가 아니라, 의무임을 이해하기 때문에 한다.

칸트는 불복종에 대해 엄한 신체적 벌을 주는 것은 찬성하지 않는다. 아이들은 성인이 되면 얻게 될 자유를 사용하는 법을 배워야 하는데, 신체적 벌은 아이들을 노예로 취급한다는 의미이기 때문이다. 칸트가 주장하는 벌이란, 주로 이해를 고양시키는 데에 중점을 둔다. 만약 아이가 다른 사람을 불쾌하게 하는 행동을 한다면, 아이도 그 불쾌함을 느끼도록 해주어야 한다. 따라서 아이가 우리에게 성마르게 군다면, 우리도 아이에게 똑같이 대한다.

칸트는 훈육 없이 교육의 다음 세 단계 - 문화화, 시민화, 도덕화 - 를 사실상 제대로 할 수 없다고 본다. 음악 연주 말고도 예를 들어 읽고 쓰는 법을 배우는 것도 그 두 번째 단계인 문화화에 해당한다. 시민화는 좋은 태도, 좋은 취향, 적합한 예의범절을 익히는 일에 관한 것이다.

그런데 칸트에 따르면 가장 중요한 단계는 도덕화이며, 이는 선악 개념을 계발하는 단계다. 벌은 이 마지막 범주에서 작동하지 않는다. 아이가 쓰레기를 계속 여기저기 흩어놓거나 공부하기 싫어하면 벌을 줄 수 있지만, 거짓말 같은 비도덕적 행동을 할 때 벌을 주면 결국에는 역효과가 난다. 그럴 때 아이는, 거짓말을 하면 벌을 받는구나, 하고 생각하기 때문이다. 그것이 거짓말을 하면 안 되는 이유가 되어서는 안 된다. 왜냐하면 어른들의 세계에서 항상 벌을 받는 것도 아니기 때문이다. 더군다나 거짓말은 종종 보상을 받기까지 하지 않는가. 아이는 거짓말은 전혀 좋은 것이 아니며, 거짓말의 결과 또한 그렇다는 점을 배워야 한다. 따라서 거짓말이 나쁜 이유에 대한 인식을 길러주어야 한다. 그리고 그 방법은 그에 관해 이야기하는 것, 대화의 기술이다. 그러려면 시간과 인내가 필요하다.

칸트의 말대로라면, 아이가 서서히 이해하도록 해주어야 하는 것은 이른바 정언명령이다. 정언명령은 칸트의 도덕철학에서 가장 중요한 원리를 형성한다. '절대적으로(maxim)', 당신이 하고자 하는 것이 동시에 누구에게나 통용될 수 있도록 행하라. 어렵게 들리지만 꼭 그렇지만은 않다.

과자 통에 든 과자를 다 먹어치울 계획이라고 상상해보자. 그러면 먼저, 그것이 일반 준칙이 될 수 있는지 생각해보아야 한다. 안 된다. 만약 그렇다면 동생 역시 과자를 다 먹어버려도 된다는 말인데 그러면 안 되기 때문이다. 가능한 일이라면, 그 과자를 공정하게 나누는 것이다. 이 정언명령을 머리에 담고 있으면 도덕적으로 훌륭한 삶에 속하는 모든 준칙을 세울 수 있다. 그리고 그 준칙을 지켜나가야 한다. 그렇지 않으면 벌을 받기 때문이 아니라, 달리 '원할 수' 없음을 이해하기 때문이다. 그런 방식으로 생각한다면 이성을 따르게 되고 도덕 개념이 있는 사람이 된다. 그것이 바로 칸트의 목표다. 교육 완료!

칸트 자신은 가정을 이루지는 않았지만, 좋은 본보기는 보여주었다. 그는 남달리 정확하고 의무를 잘 지키는 사람이었다. 그의 일과는 아주 엄격하여 이 철학자가 날마다 산책하는 시각에 이웃들이 시계를 맞출 수 있을 지경이었다. 그가 산책을 거른 적이 한 번 있었을 텐데, 장자크 루소(다음 키잡이 딜레마에서 다룬다)의 ≪에밀, 또는 교육에 관하여≫를 읽고 있을 때였다. 그가 그 책을 굉장히 즐겼다는 것은 신기한 일이니, 루소는 칸트가 양육에서 거듭 강조했던 순종은 전혀 좋아하지 않았던 까닭이다.

존 로크(1632-1704) 역시 순종에 대한 칸트의 주장에 동의하지 않을 테다. 칸트보다 얼추 백 년 전에 태어난 이 영국 철학자에 따르면, 모든 인간은 타불라 라사tabula rasa, 즉, 빈 서판의 상태로 세상에 나온다. 그러므로 즉시 훈육을 통해 당장 올바른 길로 이끌어야 할만큼 죄많은 인격은 없다. 그 점이 부모의 어깨를 더 무겁게 한다고 생각할는지도 모르겠으나, 부모야말로 아이를 빚어내는 가장 중요한 사람이며, 물론 잘 안될 수도 있다. 그래도 로크는 육아 조언에는 온건한 편이었다. 아이들이 성가신 행동을 하면, 그의 눈에는 그냥 그러다가 지나가는 하나의 단계로 보일 때가 많았다. 아이의 성격과 앞으로의 발달에 부정적인 영향을 주기 때문에 특히 벌은 심하게 주어서는 안 된다.

스테인과 그의 음악 교습에 대해 로크는 뭐라고 말할까? 로크라면 아마도, 스테인이 음악을 배우고 연주한다는 점을, 그리고 드럼으로 갈아 탔다는 점 역시 무척 높이 평가할 것이다. 스테인은 북을 치면서 리듬 감을 개발할 수 있기 때문에, 악기를 처음 시작하는 데는 기타나 피아노보다는 북 치기가 낫다고 볼 테다. 춤을 배우기 시작한다면 가장 좋다고 여길 것이다. 로크의 생각에는, 아이들은 일어설 수 있게 되자마자, 댄스 교습을 받았어야 했다. 춤을 배우면 리듬감을 계발하는 데 좋을뿐더러, 동작에 우아함도 가져다준다. 그리고 우아함과 리듬감은 정신의 거울이다.

만약 누군가 인생을 어슬렁어슬렁 거니듯이 살아간다면, 그것은 그 사람의 내면에 관해 무언가를 말해주는 셈이다. 로크는 의사이기도 했는데, 양육에서는 정신의 발전뿐만 아니라, 건강한 신체도 똑같이 중요하다고 보았다. 건강한 신체에 건강한 정신, 그것이 모든 양육자의 목표이어야 했다.

로크는 아이들에게 너무 많은 규칙을 강제해서는 안 된다고 믿는다. 아이들은 말하자면 그 모든 규칙을 기억히 는 데 애를 먹기 때문에, 항상 규칙을 준수하지는 못한다. 그리고 이는 좋지 않은 결과를 낳는데, 부모는 끊임없이 벌을 주고 있거나, '불복종'을 때로는 눈감아 준다. 전자는 성격 형성에 좋지 않을 테고, 후자는 그런 식으로 부모 자신의 권위를 무너뜨리게 된다. 바람직하기로는 규칙이 아니라 습관에 따라 아이가 올바른 행동을 하게끔 하는 것이다. 이 방법이 수월하게 작동한다는 것은 어린이집에 얼마 동안 다닌 아이들의 경우에서 알 수 있다. 아이들은 어린이집에 착실하게 적응하여, 집에서는 부모가 바라는 대로 잘 되지 않던 행동을 한다. 아이들은 모두가 식사를 마칠 때까지 식탁에 그대로 앉아있는다.

스테인의 어머니는 날마다 30분씩 스테인과 함께 춤을 출 수도 있을 테다. 그런 식으로 스테인은 저절로 재미를 느끼게 된다. 그들은 나중에는 북을 좀 치러 갈 수도 있을 테고, 그러면 그는 언제든지 기타나 피아노로 넘어갈 수도 있다.(그때쯤이면 필시 스테인의 손가락은 충분히 길어졌으리라.) 칸트와는 반대로, 로크는 요컨대 학습은 즐거운 일이라고 생각한다. 스테인이 음악 교습에 계속 재미를 못 느끼는 까닭은, 필시 수업 방식이 좋지 않아서일 것이다. 아이들은 천성적으로 호기심이 많고 배우고 싶어 한다. 학습 교재를 적합한 방식으로 준비하면, 아이들은 절로 재미를 느끼며 전혀 강요할 필요가 없다.

로크의 양육 철학은 규율에 엄격하고 훈육과 순종에 중점을 둔 기독교식 육아 방식에 대한 반작용이었고, 칸트는 그에 이어 로크와 루소의 양육 철학에 대해 반응했다. 칸트 이후로 다시 두 명의 사상가가 나타나, 칸트가 말한 훈육, 이성의 우위, 보편 법칙에 맞서는 주장을 내놓았다. 최근에 권위가 더 필요하다는 주장에서는, 사상가들이 다시 칸트를 끄집어오는 모습을 볼 수 있다. 벨기에 플란더런의 철학자 파울 페르하헤의 경우도 그러하다. 그는 자신의 책 ≪권위≫에서 칸트와 마찬가지로, 아이들은 자신의 행동을 깊이 생각하는 법을 배워야 한다고 주장하며, 칸트의 이른바 정언명령을 이에 대한 유용한 지침으로 여긴다. 페르하헤는 규율과 벌의 시대로 되돌아갈 마음은 없지만, 계몽주의 사상가 칸트와 똑같이 양육의 기초를 주로 이성에 두려고 한다. 서구 사회에서 이성이란, 권위의 기초(종교나 권력이 아니라)로 삼을 수 있는 당대의 가장 중요한 원칙이다. 더 나아가 페르하헤는 아이 양육에 공동체가 역할을 해야 한다고 주장한다. 아이는 혼자 키우는 것이 아니며, 권위란 공동체가 공유하는 규범과 가치의 문제다.

" 프랑크 "

부모님은 내게 언제나 자유를 아주 많이 주셨다. 우리는 소파 위에서 뛰거나, 소파의 쿠션 부분을 떼어내어 집을 지을 수도 있었다. 내가 정원에서 불장난하고 싶어해도 부모님은 아무 문제가 없다고 여기셨다. 어머니는 옆에 와서 잠시 앉아 안전한지만 살펴보고는 했다. 우리는 점심으로 초콜릿 바나 스트롭와플 같은 달콤한 것을 먹었다. 어머니는 좀 떨어진 거리에서 그것들을 우리에게 던졌고, 나는 그것들을 받으면 먹을 수 있었다. 물론 내가 받아내지 못하면 어머니는 내가 손에 넣을 때까지 다시 던졌다. 그리고 우리는 대부분 두 번째나 세 번째도 받아내었다. 내 옆집 친구에게 그것은 별미였다. 그 친구가 집에서 먹을 수 있었던 간식이라고는 사과뿐이었다.

다른 아이들은 우리 집에 와서 놀기를 좋아했다. 대체로 별 문제가 없었다고 생각된다. 허용된 것들이 많았지만, 아이들은 그래도 반듯하게 행동했다. 그리고 부모님은 언제나 가까이에서 우리를 주시했다. 나는 다른 친구들 집에서 노는 것을 좋아하지 않았는데, 나도 모르게 해서는 안 되는 뭔가를 하고, 그러면 꾸지람을 들었기 때문이다. 나는 전혀 익숙하지 않았고 깜짝 놀라고는 했다.

나는 나중에 부모님처럼 그렇게 애정 어리고 편안한 부모가 되어서, 아이들의 친구들과 즐겁게 잘 지내겠다고 생각했다. 하지만 내 아들들의 친구들이 집에 와서 놀 때, 나는 끔찍한 기분이었다. 그 아이들은 너무나 영리했다. 사방을 기어올랐다. 아이들은 달콤한 간식을 줄 때까지

기다리지는 않았고, 집에 들어오면서 바로 묻고는 했다. "맛있는 것 있어요?" 내 친구들이 예전에 그랬었는지 나는 기억나지 않았다. 문제는 필시 요즘 아이들은 거의 모두가 자유롭게 자라고 많이 허용되어 있다는 점일 것이다. 당신이 그리 많지 않은 아주 상냥하고 편안한 부모 중한 명이라면, 그 방법은 잘 통한다. 하지만 모든 아이가 그렇게 자란다면, 골치 아프다. 규칙이 존재할 때만 우리는 규칙에서 벗어날 수 있다.

3

물렁한 서구인 VS
엄격한 수리남인

"다음 번에 만점을 받지 못하면, 네 인형을 다 태워버릴 거야."

이민자 2세대이자, 중국계 미국인 타이거 마더, 에이미 추아는 그렇게 썼다. 2011년, 그녀의 책 ≪타이거 마더≫는 세계적으로 논란을 불러일으켰는데, 서구의 물렁한 육아 양식에 대해 자신의 견해를 도도하게 피력했기 때문이었다. 그녀가 아이들에게 강요한 군사훈련(몇 시간이고 피아노 연습하기와 절대 만점 미만으로 받지 않기)에 서구의 논평가들은 처음에는 비난을 퍼부었다. 중국인은 자살률이 높고 인생을 즐기지 못한다는 지적이 대번에 나왔다.

하지만 에이미 추아가 다소 기괴한 방식으로 서구식 육아의 아픈 지점을 짚어냈다는 목소리 또한 들렸으니, 서구의 부모들은 자녀에 대한 주도권을 잃어버렸을 수도 있다는 말이었다. 그녀의 책을 읽고 나면, 아나나 다를까, 내가 아이에게 기대치가 너무 낮아서, 제멋대로에 게으르고 중간쯤 가며 목표 없는 성인으로 자라게 되는 것은 아닌지 자문하게 된다.

서구식 육아에서는 유희가 가장 중요하다며 딴지를 걸 수도 있을 테다. 놀이 그 자체를 위해서 노는 것이지, 특정한 목적(최고가 되기!)이 있어서가 아니지 않은가. 하지만 서구 문화에서 중간 수준을 장려하는 태도가 이미 오래된 고민이라는 점은 여전한 사실이다. '6점 문화'에 관한 기사들을 보라. '즐거움'은 지속되어야 하기에, 아이가 내켜 하지 않는다면 굳이 피아노 교습을 받을 필요가 없다. 이러한 교육 정책이 낳은 세계적 결과는 절대 가볍지 않으니, 미래는 아시아 신동들의 것이다! 그 아이들이 머잖아 기업이건 클래식 음악계이건 최고의 자리를 다 차지할 것이다.

추아의 책 〈타이거 마더〉를 통해 세계는 교육적인 면에서 '아시아적' 엄격함 대 '서구적' 물렁함으로 양분되었다. 그 서구에는 미국이 포함되고 그중에서도 에이미 추아는 미국의 어머니들에게 맞선다. 그리고 추아의 책이 널리 논의된 유럽의 어머니들에게도. 물론 이런 식으로 대륙으로 따져서 논쟁하면 그 기준이 너무 대략적이다.

그녀의 글에서 '아시아적'인 사람과 '서구적'인 사람이라는 말은 지정학적 위치보다는 이념적 경향을 띠고 있다. 그녀도 어쨌거나 미국에 살고 있고, 아시아라고 하면 나라가 한둘이 아니기 때문이다. 그러니 뉘앙스가 좀 들어있다고 보아도 무방하다. 더욱이 그 '물렁한' 서구 안에도 서로 차이가 있다. 유럽은 남쪽과 북쪽으로 구분할 수 있는데, 북쪽으로 갈수록 아이들이 더 '온화하고' 자유롭다.

　　남쪽 나라들은 아이들을 공주님과 왕자님으로 받들어 모신다. 예를 들어 이탈리아에 거주하는 영국 작가 팀 팍스Tim Parks의 ≪이탈리아식 교육≫같은 책을 읽어보면 잘 알 수 있다. 그는 이탈리아 어린이들이 장난감 더미에 파묻히고, 잘 차려입으며 외면을 중시하는 마키아벨리적 나르시스트로 자라는 듯한 모습을 익살스럽게 묘사한다. 하지만 이 나라들에서는 그와 동시에 부모 자식간의 위계와 거리는 무척 강조된다.

　　비교해서 볼 만한 다른 예는 보르도에 이민 가서 사는 네덜란드 철학자 판노 욥세Vanno Jobse의 시각이다. 그는 〈철학지Filosofie Magazine〉 등의 지면에 아버지 역할을 주제로 쓴 일련의 칼럼에서 네덜란드식 양육(물렁한)과 프랑스식 양육(순종적인)을 비교한다. 욥세 자신이 프랑스 중등학교의 교사이자, 프랑스인 여성과의 사이에 두 자녀를 둔 아버지로서, 프랑스 아이들이 더 말을 잘 듣는다고 밝히고 있다. 프랑스 아이들은 그에게 시종일관 존댓말을 쓰며 그의 말을 경청한다. 그는 자신의 글 한 편에서 네덜란드 하를럼의 어떤 가족 이야기를 언급한다.

어머니와 아버지가 세 아이와 함께 나들이를 하러 가려고 한다. 세 아이 모두 자신이 원하는 바를 말하는데, 세 아이 모두 원하는 바가 다르다. 무엇을 할 것인지를 놓고 끝없는 회의가 이어지고, 각자의 바람을 양보하기 위한 합의를 열심히 찾는다. '먼저 놀이공원 갔다가, 볼링 치러 가고,

그다음에 축구하면 안 될까?'
말하자면 폴더 모델을 따르는 양육으로,
아이들의 목소리를 어른의 것과 똑같은 무게로 다룬다.

욥세는 특히 프랑스의 식사 문화를 칭찬한다. 네덜란드인 조카의 집에 가보면 종종 방바닥에 앉아 방울토마토나 피자 조각을 먹는데(그의 여동생은 어린아이에게 음식을 손으로 먹게 하면 '운동 신경에 좋다'고 생각한다), 프랑스에서 아이들은 고급 레스토랑에서 식사할 수 있도록 훈련받는다. 어린이집에서 아이들은 칼과 포크로 세 가지 코스 요리를 먹으며, 식사 중에는 서로 중구난방으로 말하지 않는다. 물론 훌륭하다. 우리는 이것이 교육의 첫 번째와 두 번째 단계인, 훈육과 문화화 단계에서 얻는 작은 이익일 따름이라고 칸트와 함께 말해야겠지만 말이다. 거기에 도덕 의식에 관해서는 아직 거론되지 않았지만, 곧 주목을 받는다. 욥서가 그 하나의 예다. 그는 철학 교사이며, 프랑스에서 철학은 의무 과목이다. 거기에서는 어릴 때부터 칸트를 배운다.

프랑스 어린이에 대해 찬미가를 부르는 사람은 욥서만이 아니다. 앞서 언급한 미국인 파멜라 드루커맨은 사랑을 쫓아 파리로 간 이민자인데, 예의 바른 프랑스 어린이와 달리 응석받이인 미국 어린이에 대해 부정적으로 평가한다. '무질서한' 자기 나라를 어전히 주제의 출발점으로 삼았다. 그녀는 《프랑스 아이처럼》(2012)에서 프랑스 어머니들이 자신의 '아기'를 평소에 어떻게 다루는지 부러운 시선으로 바라본다. 욥세와 마찬가지로 그녀도 아이들의 식사 문화에 놀라워한다. 그리고 치즈와 와인을 즐기는데도 아담한 체격을 유지하는 아이 엄마들의 식사 문화에도 마찬가지이다.

그동안 나라별 육아서는 그 자체로 하나의 장르가 되었다. 거의 모든 나라에는 그 나라에 살면서 모국의 육아 문화에 관해 책을 쓰는 이민자가 있다. 나라별·문화별 육아법을 다룬 서적에는 보통 여행기·자서전·인류학이 유쾌하게 섞여있다. '물렁한' 나라의 문화는 비판의 대상이 될 뿐만 아니라, '엄격한 나라' 출신의 다른 이민자들에 의해 의해 수용되기도 하는데, 이때 '물렁한'이라는 말은 '열려있는'과 '공감하는'이라는 의미를 다시 얻는다.

네덜란드에 정착한 이민자는 육아에 관해 배울 점이 많은 진정한 어린이 낙원에 왔다는 생각을 나름대로 하기도 한다. 예를 들면, 아시아계 미국인 리나 메이 아코스타Rina Mae Acosta와 영국인 미셸 허치슨 Michele Hutchinson은 둘 다 네덜란드 남자와 결혼하여 네덜란드로 이주하여 아이들을 낳았는데, 행복하고 자유로운 네덜란드 어린이들을 보며 발견한 신나는 점들을 ≪네덜란드 소확행 육아≫(2017)에 공저로 담았다. 두 사람은 네덜란드가 어린이 행복지수에서 1위를 지키고 있다는 놀라운 사실을 바로 언급한다. 이 지수는 물질적인 복지, 건강과 안전, 교육, 행동, 위험과 주거환경이라는 몇 가지 변수를 측정한 것이다.

아코스타와 허치슨에 따르면, 그중에서도 네덜란드에서 육아를 건강하게 만드는 요소는, 네덜란드의 어린이라면 다들 해보는 험난한 빗속 자전거 여행, 비스킷 한 조각과 차 한 잔을 마시면서 보내는 부모와 자식간의 즐거운 시간, 그리고 성에 대한 개방적 대화다.

이처럼 감탄사를 외치는 종류의 책은, 덴마크, 스웨덴, 핀란드에 대해서도 나와있다. 제시카 조엘 알렉산더Jessica Joelle Alexander와 이벤 디싱 산달Iben Dissing Sandahl의 ≪나의 덴마크식 육아≫(2014)는 덴마크 어린이는 자신감과 재능이 뛰어나다는 점으로 접근한다. 스웨덴의 경우에는, '스웨덴 부모처럼 되는 법'과 같은 제목의 여러 블로그가 있고, 핀란드의 경우에는 '핀란드의 기적'이라는 블로그가 있다. 이런 종류의 책과 블로그에서 눈에 띄는 점은 감탄의 목소리가 한쪽에서만 들린다는 것이다.

예를 들면 그 책들은 그 나라의 높은 이혼율과 그것이 육아에 끼치는 영향은 말하지 않는다. 혹은, 항우울제를 복용하는 어린이가 많다는 점도.('천국의 역설'이라고도 불리는 현상인데, 세계에서 '가장 행복한' 나라들에서 항우울제 대부분이 복용된다.) 저자들은 잘못되어 가는 점이나 결핍된 점(권위?)은 제시하지 않고, 잘되고 있는 점만 말한다. 이런 범주의 책들은 스칸디나비아 국가들과 네덜란드에 '아이 중심적'이라는 딱지를 달아주었다.

엘렌 케이 Ellen Key

엘렌 케이1849-1926는 저명한 스칸디나비아 교육학 서적인 ≪어린이의 세기≫(1900)를 저술한 인물이다. 그녀는 아동 권리의 확대를 옹호하고 권위적 교육 원칙을 타파했다.

'아이가 평온함 속에 있도록 힘쓰고, 즉시 개입하는 일은 최소한으로 하라.'

'아이를 쉽게 놓아두지 않는 것이 오늘날의 양육에서 가장 잘못된 행동이다.'

이는 아이들이 부모가 머리를 조아려야 하는 '어린 폐하'라는 의미는 아니다. 하지만 그녀의 주장에 따르면, 부모에게는 자녀를 억압할 권한이 없다. 아이는 지도의 대상이 아니라, 자라도록 두어야 하는 존재다. 모든 아이는 한 사람의 개인이며 아이의 구체적 성격을 존중해야 한다. 양육자의 역할은 귀감이 되는 것이다. 케이에 따르면 교육에서 핵심어는 순발력, 생의 기쁨, 열정, 야외 활동, 감정 표현, 창의성이다. 그녀의 교육 원칙은 다음과 같이 요약할 수 있다. 어린이를 성공적으로 키우려면, 당신 자신이 아이처럼 되어야 한다. 그렇다고 해서 유아적으로 행동하라는 말은 아니다. 짐짓 상냥한 척하는 아이 말투는 하지 말라. 아이는 대번에 알아차리고 싫어하게 된다.

네덜란드에서는 '물렁함-엄격함' 논쟁에 '타이거 파더' 군단이 투입되었다. 다양한 수리남 남성들이 네덜란드식 양육의 긍정적인 측면에 대해 발언했다. 페르페이르Roué Verveer와 콤프루Howard Komproe 같은 만담가는 두 사람 모두 극장 공연을 제작하여 그 주제를 다루었고, 페르페이르는 ≪어째서? 그래서! 수리남인의 육아Waarom? Daarom! Opvoeden op z'n Surinaams≫(2015)라는 책을 펴냈다. 그는 '규칙이 없으면 버릇없는 놈을 키운다'라는 자신의 이모 보니의 말을 인용하며, 네덜란드식 양육과 수리남식 양육의 차이점을 선명하게 드러낸다.

네덜란드 어린이는, 부모에게서 자세한 설명을 들은 다음에, 왜 이건 되고 저건 안 되는지 항상 질문할 것이다. 수리남 어린이는 그래봤자 꾸지람만 받는다는 것을 알기에 그런 질문은 하지 않는다. 어째서 이건 안 되나요? 그래서 안 돼! 수리남인 아버지들이 주도한 논쟁은 반대와 지지가 예견되는 것이었다. 논쟁의 중심은, 수리남인 부모는 그저 명확한 것인가, 아니면 '억압적'인 것인가, 그리고 부모들이 '소리 지르는' 행동은 아이들에게 나쁜 결과를 낳는가, 하는 문제였다.

<폴크스크란트>지의 칼럼니스트 셰일라 시탈싱Sheila Sitalsing은 부모 자식 간의 수리남식 위계적 거리를 높이 평가하며 '당신의 아이는 당신의 친구가 아닙니다.'라고 말했다. 비록 저자 페르페이르가 진지한 메시지를 만담가답게 전달하여, 수리남식·네덜란드식 양육 모두를 풍자적으로 그려내기는 하지만, 논쟁은 흥미진진하다. '어째서 - 그래서'라며 설명없이 막무가내로 밀어부치는 부모는 바람직한 모습과는 거리가 멀다는 점도 유머 속에 담겨있다. 억압적인 방식이 성공적인 육아법이라고 선동한다기보다는, 반대쪽의 극단적인 방식을 비판하는 듯하다.

어쨌거나 국민적 양육법이 키를 잡고 가는 방식은 아니라는 점은 분명해서, 나라별로 권위적이냐 권위적이지 않느냐의 사이에서 한 쪽이 선택되는 듯하다. 여러 국민적 육아서들이 양육을 순전히 개인의 책임만은 아니라고 본다는 점 또한 흥미롭다. 나라의 정책과 문화가 당신이 어떻게 아이를 키울 것인지, 그리고 당신이 엄격한 부모와 들어주는 부모 중 어느 쪽이 되는지 함께 결정하기 때문이다.

그리하여 페르페이르는 '물렁한' 네덜란드 정부가 그다지 의욕적이지 않으며 잘못된 신호를 내보낸다고 비난을 퍼붓는다. "정부는 알코올을 남용하는 음주 아동 수치를 30퍼센트로 낮출 예정이다." "왜 30퍼센트로 낮추는가? 정부가 이 수치를 용인하면(30퍼센트는 아동 수천 명에 해당한다), 네덜란드 부모들도 어쩔 줄 모르는 것이 당연하지."라면서 페르페이르는 비판한다. 그는 수리남의 법규를 비교하며 언급하는데, 수리남 법규에는 바늘 하나 들어갈 빈틈이 없다. 흡연이 금지되었다면, 금지된 것이다. 네덜란드에서는 어린이를 성인처럼 대하는데, 수리남에서는 그 반대다. 수리남에서 성인이란 명료한 규칙을 지키게끔 강제해야 하는 어린 아이다.

이런 논쟁이 거북하게 느껴지는 까닭은, 우리가 고정관념에 둘러싸여 있어서다. 서구식 양육법은 '물렁하다'는 한마디로 단순화되어, 여러 서구식 양육법이 갖고 있는 다양함과 논쟁거리들은 무시된다. 아이에게 지배적인 수리남 어머니(아버지) 또한 고정관념이 되어버린다. (아버지는 태반이 육아에 참여하지 않는다.) 페르페이르와 콤프루는 만담 같은 논쟁에서 무엇보다 부모라기보다는 오히려 '(다 큰) 아이'처럼 군다. (여담이지만 콤프루는 자신은 수리남식 양육자보다는 자녀들을 오냐오냐하는 물렁한 서구식 부모에 더 가깝다고 솔직하게 밝힌다.) 이 논쟁에 인종적 차이의 기미가 보인다는 점 또한 껄끄럽다. '네덜란드인'이란 백인을 말하기 때문이다. 생각할 거리를 던져 주는 면이다. 갈팡질팡 증후군은 혹시 (부유하고 고학력이며) 백인인 서구인들의 질병은 아닐까? 확실히 〈육아 곡예단〉 강연 관람객들은 대체로 이 그룹에 속했다.

© 권영주

들어주기

덴마크식	네덜란드식	프랑스식
놀이	동등함	안 된다고 말하며 납득 시키기
진정성	강요하지 않기	결정은 내가 한다(çest moi qui décide)
리프레임(틀 재구성)	자유	결정의 이유를 설명한다
공감	부모 역할 시간제: 행복한 부모	훈련 보다 양육
마지막 경고 없애기	개방적 성 문화	틀 : 한계 정하기
휘게hygge		어린이는 자기 고유의 삶이 있다

권위

수리남식	아시아식
엄마가 대장	훈련
명료함	열심히 공부하기
필요시 벌	부모가 대장이다
변명은 통하지 않는다	벌
어째서? 그래서!	훈육

" 스티네 "

나는 덴마크에서 태어났지만, 자라기는 네덜란드에서 자랐다. 우리 집은 다른 아이들 집과는 모든 게 달랐는데, 예를 들어 저녁식사 시간은 여섯 시가 아니라 일곱 시였고, 그러니 '전형적인 덴마크 사람'이었다. 어떤 면에서는 솔직히 네덜란드 아이들이 부러웠는데, 특히 달콤한 간식을 먹는 문화가 그랬다. 네덜란드 친구네 집에 가면 식탁에 쫙 펼쳐진 것들은 배가 부르도록 다 먹어도 되었는데, 빵에 뿌려먹는 색색의 초컬릿 가루와 초컬릿 조각, 아니스 사탕 과자, 초컬릿 잼, 코코넛 샌드위치, 땅콩버터, 잼, 사과 시럽 중에서 마음대로 골라 먹을 수 있었다.

우리 어머니는 네덜란드 사람들이 아이들에게 설탕을 들이붓는다고 혐오하셨다. 어머니는 점심시간에 나와 여동생이 먹게끔 덴마크식 호밀빵와 치즈, 오이, 토마토를 앞집 부인네에 맡겨 놓으셨다. (어머니는 종일 근무하는 일을 하셨다.)

나는 네덜란드 아이들이 우리 집에 놀러오고 싶어한다는 사실을 알아차렸다. 그 아이들 집처럼, 아이들이 노는 모습을 숨을 헐떡이며 지켜보는 부모가 없었으니까 말이다. 우리는 완전히 자유롭게 우리 자신을 발견해나갔다. 창고에 있는 공구들을 마음 놓고 써도 되었고, 아니면 그냥 자전거를 좀 타러 간다거나 했다.

나는 학교 친구들보다 훨씬 일찍이 요리, 설거지, 내 방 청소 등등의 집안 일을 나눠 맡았다. 어려서부터 책임을 지도록 양육 받아서, 집에서는 작은 어른이 되어 자립적이고 비의존적인 삶을 살아갈 준비를 갖추었다. 나중에 깨달았는데, 내가 받은 가정교육은 스칸디나비아식 양육 원칙에 기초한 것이었다. 전형적인 스칸디나비아적 가치인 '스스로 생각하기, 자립, 독립'이 내가 받은 가정교육의 핵심이었다.

라쿠엘 :

아이들이 저의 침대에서 자게 두어야 할까요? 아니면 자기 침대로 돌려보내야 할까요? 저는 아이들에게 따스하게 대하고 싶지 뿌리치고 싶지 않습니다. 하지만 자기 침대에서 자는 습관을 길러주고 싶기도 해요. 그래야 저도 숙면할 수 있으니까요. 그런데 한편으로는 같이 자면 좋기도 합니다 엄격하게 해야 할까요, 아니면 저의 침대에서 같이 자게 둘까요?

 안네리스:

제 아들(네 살 반)은 상상력이 엄청납니다. 아이는 한번씩 불가능한 것들을 하고 싶어하는데, 그것도 당장요. 아이의 의욕을 바로 싹을 밟아야할까요? 아니면 결국 실현 불가능해지기 마련이니 아이의 환상을 지지해주고 스스로 실망하게 해야 할까요?

갈팡질팡하는 유명인

영국 작가 페이 웰던Fay Weldon은 암스테르담 방문시 한 인터뷰에서 자신의 글쓰기 방식이 아이가 태어나면서 어떻게 달라졌는지에 대해 이야기를 한 적이 있다. 기저귀를 갈고 수유하는 사이 짬짬이 문장 몇 개를 적어두는 식이었다. 문단은 짧아졌고 문체는 보다 스타카토가 되었다. 그녀는 '문단들'을 가지고 소설로 발전시켰다.

이런 작가들은 자신들의 육아에 관련해서는 주로 짧은 글에 마음이 기우는 모양이다. 칼럼을 자주 쓰는 걸 보면 현실적인 이유도 있을 테다. 거기에 더해 많은 유명인이 칼럼 기고를 청탁 받으며, 요즘은 조금 유명하다 싶으면 육아서를 내고, '유명인사 육아 칼럼 모음집'이 탄생한다.

이러한 책들은 보통 언론에서 많은 관심을 받지만, 금세 잊혀지는 단기 판매서적들이 되는 경우가 많다. 그래도 유명인의 육아서를 심층적으로 읽어보는 일은 흥미로운데, 사회에 무슨 일이 벌어지고 있으며 어떤 주제가 인기있는지 잘 보여주기 때문이다. 유명인들이 자신의 육아 고민을 나누고 책도 홍보하고자 토크쇼에 출연하므로써, 양육 논쟁의 의제를 설정하기도 한다.

유명인들은 칸트식의 엄격한 전통적 입장에 더 가까우며 명료한 규칙을 옹호할가? 아니면 들어주는 로크식의 양육을 주로 택하는가? 그리고 그들은 갈팡질팡 증후군을 겪고 있는가? 마지막 이 질문에 대한 답은 가감 없이 '그렇다'로 보인다.

유명인들은 자신들이 더 권위적이었어야 했다고 생각하며, 딴 사람들에게도 그렇게 조언한다. 그러면서도 자신들이 권위와 육아 능력이 모자람을 한껏 과시한다. 자신들이 바보같이 저지른 엉뚱한 행동들로 지면을 채우는 것이다. 엄격하려 하지만 이러저러하게 잘 되지 않는데, 에휴, 그래도 지금은 그렇게 심하지는 않아, 아냐 어쩌면 그런 것같아, 아니 그렇지 않은 것 같은데, 등등.

책에는 ≪우리는 좀 어지르기만 할 뿐We rommelen maar wat aan≫ 같은 무심한 듯한 제목이 붙는다. 그들이 자녀에게 얼마나 열중하고 애정을 쏟는지 고스란히 느껴진다. 투덜거림의 강도가 세지고 그 양이 늘어갈수록, 마음 가는 곳에 펜도 간다는 속담에 더 고개를 끄덕이게 된다. 아기만이 아니라 책 한 권도, 이 위대한 경이로움과 삶의 의미를 전하고자 태어난다. 아마도 유명인들이 평균적으로 첫 아이를 얻는 나이가 상대적으로 늦으며, 계획하여 그 아이를 맞는다는 사실과 관련있을 테다.

40대 아버지인 압델카더르 베날리Abdelkader Benali는 ≪내 딸에게 쓰는 편지Brief aan mijn Dochter≫에서 아이의 탄생을 움켜 쥐고 자신의 부모, 그들의 근심, 두 문화 사이에서 겪은 어정쩡함, 자신이 아버지가 되는 마음가짐으로 확장시킨다. 그 결과는 무엇보다도 시적인 편지가 되어, 딸의 출생과 함께 자신을 키워 준 모든 규범과 가치를 다시금 깊이 생각해보고 아이에게 무엇을 전해주고 싶은지 자신에게 질문을 던진다.

더 엄격해야 한다는 입장을 취하는 유명인도 더러는 있지만, 우리가 그것을 얼마나 진지하게 받아들여야 하는지는 의문이다. 이 계열에서 유명인들이 내놓은 가장 간결하고 명료한 작업은 린다 더몰Linda de Mol이 기원인데, 그녀는 직업 칼럼니스트들(사스키아 노르트, 실비아 비테만)에게 칼럼을 맡겨 ≪린다의 육아서Linda.het opvoedboek≫을 펴냈으나, 반응은 떨떠름했다.

린다는 머리말에서 이렇게 쓴다. "아이들을 혼내라.(…) 우리가 아이들을 쓸데없이 너무 챙기고, 교장 선생님을 귀찮게 하며 사서 걱정하기를 그만둔다면, 어른이 말할 때 아이들은 다시 입을 다물고, 구구단 7단을 익히며, 신나게 밖에서 놀다가 제 시간에 잠자리에 들 수 있을 테다. 그게 아주 정상이고 또한 건강하다."

책 표지에서 눈을 애교스레 치켜 뜨며 균형을 잡아주었기에 망정이지, 그렇지 않으면 린다는 키잡이 신드롬을 겪고 있지 않으며 '권위'과 소속이라고 생각하기 십상이다. 린다는 딱 붙는 정장 차림에 장난스러운 웃음을 짓고 있는 쾌활한 안경잡이 여교사로 포즈를 취한다. 그녀를 둘러싼 아이들이 엉망으로 어지르고 성가시게 굴고 있는 동안, 그녀는 어쩔 수 없다는 듯 한 손을 공중에 내밀었다.

유명인들의 육아 칼럼을 읽어보면, 그들의 육아에는 권위를 찾아보기 어렵다. 그들은 더 엄격했어야 한다고 생각하면서도, 결국에는 권위가 부족한 면에 진짜로 불편해하지는 않는다. 그들이 엄격함의 결여를 품고 가는 이유 중에 하나는 그로 인해 무척 재미있는 상황이 연출되기 때문이다. 우리는 이 부모들이 얀 스테인의 집안 꼴로 엉망진창이 되는 모습에 낄낄 웃는다.

실비아 비테만Sylvia Witteman은 육아 칼럼에서 제 자식들이 완전히 통제불가능해 보이는 모습에 얼마나 웃음이 나는지 여러 차례 강조한다. 비테만이 만약 칼럼에서라도 잠시 웃지 않는다면, 마음이 더 무장해제되고 만다. 그러면 키잡이 딜레마가 훅 튀어나온다. 그녀는 조금은 더 엄격했어야 한다고 생각하지만, 다른 무언가를 더 갈구한다. 아이들과 되도록 유대감을 많이 쌓기를 원하는 것이다. 그녀는 〈내 침대에서 나가!〉라는 칼럼에서 그래야 마땅하다는 생각에 엄격하게 했던 일화 한 가지를 소개한다. 그녀는 징징대는 아이가 자신의 성생활을 침범한다는 이유로, 아이들을 침대에서 '발로 차 내보냈'다. 아이를 정확히 어떻게 침대에서 쫓아냈는지를 놓고 폭소를 자아내는 언급이 있은 다음에는, 가슴 찡한 감동이 그 본색을 드러낸다.

열 살 배기 딸이 함께 자도 되냐고 물으면 그녀의 심장은 여전히 폴짝 뛴다는 것이다. 여기서 그녀는 예리한, 어쩌면 아프기도 한 지점을 짚어낸다. 부모가 갈팡질팡하는 까닭은 아이와 접촉하기를 갈망하기 때문이며, 그 갈망은 엄격함과 한 쌍인 위계와는 서로 상극으로 보인다.

하지만 우리가 비테만에게서 읽는 것은, 그녀 자신의 취약함과 감정을 이렇게 인정하는 내용보다, 부모로서 어떻게 다 '잘못'하는지에 관한 내용일 때가 더 많다. 그렇게 그녀의 아이들은 틈만 나면 아이패드를 손에 쥐고 몇 시간이고 갖고 논다. 비테만은 자신의 '궤도에서 벗어난' 아이들때문에 진짜로 괴로워하는 듯 보이지는 않는다. 설상가상으로 그녀는 약간은 낄낄대며, '그럴 수 밖에 없다'고 강조하고, 우리도 그랬으면 하고 바란다. 그녀는 정말 걱정하지는 않는 모양이다.

유명인 육아서 분야에서 새로운 현상은 공저자 장르다. 사라 슬라위머르Sarah Sluimer와 빌럼 보스Willem Bosch는 둘 사이에 아이 하나를 두었으며 ≪타락한 부모들Ontaarde ouders≫이라는 책을 함께 썼다. '엄마 마피아들로부터 살아 남고 아빠 육아 휴가를 폐지하라. 아이 출생 후에도 정상적으로 사는 법.'이라는 이례적인 긴 부제가 붙어 있다.

칼럼니스트와 작가 커플인 마르셀 판로스말런Marcel van Roosmalen과 에바 후케Eva Hoeke는 ≪우리를 닮지만 않는다면Als het maar niet op ons lijkt≫이라는 책을 함께 썼다. 그 궁시렁궁시렁하는 말들('여기는 아무나 들락거리고 혼돈이다! 내 손을 떠났어! 우리는 너무 많이 먹는다! 서로 의견도 엄청 다르다!')은 독자의 기운을 북돋우려는 의도겠지만, 우리는 그들이 절박한 척하는 문제들에 좀처럼 공감하기 어렵다. 슬라위머르는 이렇게 쓴다. "어떻게 엄마가 되어서는 4주 만에 벌써 아기를 돌보미에게 맡겨 놓고 술집에 퍼질러 앉아있을 수 있는가?"

이 커플은 주로 자신들이 잃어버린 자유에 관해 쓴다. 아이를 키우려면 자신과 부부 관계를 희생해야 하는 것이다. 그들은 독자들이 친숙하게 느끼기를 노리며, 부모 되기에 따르는 어려운 순간(수면 부족, 배우자와의 싸움, 자신을 위한 시간 부족)에 관해 우리가 얼마나 솔직한지 한

번 보시라고 말한다. 하지만 부모 되기가 진짜로 고통스러운 적은 없으며, 진짜로 상처받지도 않는다. 그것은 결국에는 술 한 잔이면 부모들이 위안을 받을 수 있는 난장판으로 그친다.

그러니 아무리 이 저자들 대부분이 글 '어디쯤에서' 자신이 권위적인 부모였어야 했다고 생각한들, 실제로는 아이의 말을 들어주어야 한다는 관대한 이상을 소중히 간직하고 있다. 오직 아프 코르스티위스Aaf Brandt Corstius만이, (그래서 유명인들이 자아내는 풍경 안에서 그녀의 육아경험은 새치있고 가슴 뭉클한 위안을 준다) 그녀 자신이 권위적인 아버지 밑에서 자랐기 때문에 자신은 탈권위를 받아들이며 의식적으로 느슨하게 풀어준다고 ≪두 번째 엄마가 된 해Het jaar dat ik 2x moeder werd≫에서 과감하게 밝힌다. "나는 아이들이 원하는 것은 다 해준다." 어느 날 아이들이 컵 달린 '도퍼' 물병을 원하면, 그녀는 그런 물병을 찾아서 온 시내를 돌아다닌다.

아프가 무엇보다도 자신의 아이가 행복해하는 모습을 보고 싶어 한다면, 아누샤 엔주메Anousha Nzume와 타냐 예스Tanja Jess(≪엄마 한 쌍 De Mama Match≫)는 자신의 행복을 우선에 둔다. 그들은 하이힐을 신고 승무원 같은 새파란 정장 차림을 하고 활짝 웃으며 책 표지를 장식한다. 쇼핑 나들이를 하고 막 돌아온 듯한 모습이다. 아이 미동반이라는 점을 눈여겨 보시라. 그 이미지는 무릇 행복한 어머니는 다리에 들러붙는 꼬맹이 없이 친구와 함께 있는 어머니라고 넌지시 말한다.

그들이 온갖 육아 문제를 푸는 대책은 적절한 육아법이 아니라, 육아 고충을 수다떨 수 있고 특히 긴장을 풀 수도 있는 적절한 친구다. 그런데 그말인즉슨, "지금은 안 돼, 엄마가 바빠."라는 문장을 종종 말하는 법을 배워야 한다는 의미다. 책의 뒷표지에는 안 보이게 밀어놓은 볼썽사나운 것들과 우스꽝스러운 이면을 보여주는데, 원피스의 지퍼가 벌어져 있고 스티커들이 붙어있다.

유명인사 어머니들의 특별한 하위 카테고리로는 꼭 엉망진창과 유머가 없어도 사진기 앞에 서는 데 아무 문제가 없는 사진 모델 그룹이 있는데, 다우천 크루스Doutzen Kroes와 실비 메이스Sylvie Meis 같은 '화려한 엄마들'이다. 전직 모델인 다프네 데커르스Daphne Deckers는 칼럼 모음집 분야에서 유행 선도자였으며, 육아가 순풍에 돛단 듯 언제나 순조롭기만 하지는 않다는 점을 처음으로 강조한 사람 중의 하나였다. 그러나 그녀는 자신의 외모를 최고 수준으로 계속 유지했다. 그녀가 출산 후 자신의 성기가 '터진 고슴도치' 같이 보였다는 유명한 발언을 했을 때, 아마도 그래서 더 사람들에게 생생하게 와닿았는지도 모르겠다.

네덜란드인 아버지인 판에르펀Beau van Erven Dorens(≪아버지 지침서 Handboek voor vaders≫)과 클룬Kluun(≪도와줘요! 아내를 임신시켰어요 Help! Ik heb mijn vrouw zwanger gemaakt≫)은 엉망진창인 네덜란드 엄마들의 남자 버전으로, 데데한 짓이나 하면서 자신이 얼마나 육아에 마지 못해 힘을 쏟는지 늘어놓지만 그만한 육아 정보를 전해주지는 않는다. 그간의 여성해방운동이 무색하게, 그들은 자신이 아직 덩치만 큰 어린애이며 아내가 없으면 그 꼴을 면하기 어렵다는, 서투르고 무능한 네덜란드 남자의 전형을 확인시켜준다. 동시에 그들은 '꼼짝 못하고 쥐여지내게' 될 우려가 있다며 농담한다. 이런 아버지상은 네덜란드 영화에서도 여러 차례 확인시켜준다. 영화 〈마술사들〉(원제:Het Geheim)에서 테오 마선Theo Maassen은 실업자이며 만사에 서투른 아버지로 분했는데, 이 아버지는 마술사가 되고 싶어하지만, 아들과 함께 마술쇼를 할 만한 수준은 아니다. 그의 아내는 남편의 미숙한 행동에 지치고, 집안이 제대로 돌아가게 건사한다.

페르하헤, 더용, 그리고 다른 전문가들이 권위의 결핍을 심히 우려하는 동안에, 유닝인사 부모들은 자기 자식들을 얼마나 제대로 통제 못하고 있는지 끊임없이 글로 써내는데, 그들 스스로는 더용과 페르하헤가 경고한 만큼 심각하게 문제가 있는 상황으로 보지 않는다.

〈폴크스크란트〉지에서도 얼마전에 이와 같은 새로운 클리쉐를 거슬려 하는 목소리를 실었다. 엉뚱하게 처신하는 자신의 모습을 뽐내는 허술한 어머니라는 유형 말이다. 엄마들의 종류를 일컫는 어휘는 점점 불어나고, 그 대부분은 부정적인 뜻을 담고 있다. 한숨쉬는엄마, 슬러미마미, 박하차엄마, 머릿니엄마, 박피츠엄마 등의 별칭은 사실 전부 다 엄마들의 노고를 스스로 치하하는 것들이다.

여성 해방이 되려면 아직 얼마나 갈 길이 먼지 이 별칭들이 보여준다고 주장할 수도 있으리라. 모성에 관한 생각은 아주 별 것 아닌 것으로 치부될 뿐더러, 책을 쓰는 아빠들에게는 그런 별칭이 없기 때문이다. 그 클리쉐는 어쩌면 네덜란드 현실의 핵심을 건드리는 지도 모른다. 갈팡질팡하는 육아와 이성 관계의 변화, 요컨대, 키잡이로서 취약한 측면을 다룰 때 우스개소리를 하지 않고 진지하게 받아들이기란, 네덜란드에서 아이를 키우면서 얼마간은 마지막 금기처럼 보인다. 너스레 떨며 낄낄대는 이불 아래에는 아픈 지점이 숨어있다.

66 스티네 99

"빅토리아, 우리 집에서 지켜야 할 규칙을 함께 생각해볼까?"

우리 집에서 바람직한 행동이란 어떤 것인지 딸과 함께 생각해보면 좋을 듯 싶었다. 내 여동생은 이 생각이 커다란 착각이라고 여기기는 했지만, ("네가 규칙을 만든다고?") 그래도 그럭저럭 잘 되었다. 딸 아이는 다음과 같이 써내려갔다.

서로 상냥하게 대한다.

아이패드는 하루에 최대 15분 사용한다.(그러니까 엄마도!)

집에서 고함 지르지 않는다.

나는 거기에 두 가지를 덧붙였다.

"공손하게 허락을 구한다. 고마운 일에 고맙다고 말하기를 절대 잊지 않는다."

고마움을 표현하는 일을 중시하는 것은 어쩌면 내가 받은 덴마크식 가정교육의 잔재일지도 모르겠다. 덴마크에서는 겸손하게 감사를 표시하는 일이 예술의 경지에 올라있는데, 서로 일년만에 만나더라도, '지난번에는 고마웠어요'라는 말로 대화를 트기가 예사다. 빅토리아가 남의 집에서 식사할 때 겉치레처럼 보이든지 말든지 항상 예의 바르게 감사 인사를 하고, 더구나 최상의 식사 예절을 보여주는 넉분에 다른 부모들이 내게 칭찬을 하면 나는 뿌듯해짐을 부인하지 못하겠다. 이런 식사 예절은 집에서는 아직 완벽하지 않지만, 빅토리아가 그렇게 할 수 있음을 나는 확실히 알게 된다.

5

영적인 양육
무조건 들어주기

들어주기 분야의 끝판왕은 영적인 양육자들이다. 이들은 불교나, 요가와 마음챙김(다양한 기법의 조합)같이 보다 실용적인 수련 등의 동양 철학에서 주로 영감을 받는다. 영적인 양육자들은 두 그룹으로 나눌 수 있다.

첫 번째 그룹은, 마음챙김mindfulness에 중점을 두는 양육자들로, 주의를 기울이고 현재에 있음을 중요한 버팀목으로 삼으며, 양육을 일련의 규칙이라기보다는 '마음 상태'로 여긴다. 주로 동양 철학과 불교의 영향을 강하게 받았으며, 효율성, 성과, 생산성에 복무하는 서구식 생활 방식과 사고 방식을 비판적으로 바라본다.

두 번째 그룹은 보다 구체적인 소통법을 사용하여 부모와 자녀를 이어주는 접촉에 중점을 두는 부모들이다. 양육자들에게 주로 소통 기법을 제안한다.

요즘 '마음을 챙긴다mindful'는 단어는 어디에서나 쓰인다. 첫 번째 그룹이 대상 부모층을 더 넓히는 데 마음챙김을 이용하여 상업적인 승산을 노린다고 비판할 수 있을 테지만 영적인 소리란 우리가 관심을 가지고 진지하게 연구할 대상이라는 점은 달라지지 않는다. 이 흐름은 '냉정함'이나 '더 많은 권위'가 필요하다는 주장에 반대한다.

숱하게 출판되는 이 분야 서적들은 ≪마인드풀 육아Mindful opvoeden≫(판달레Virginie Vandaele, 탕에Bruno Tange), ≪흔들리지 않는 육아Parenting with Presence≫(수잔 스티펠만Susan Stiffelman, 에크하르트 톨레Eckhart Tolle), ≪고요 속에 놀기 : 교실에서 마음챙김Spelen in Stilte≫(이르마 스메헌Irma Smegen), ≪엄마가 부처다Mother is Buddha≫(새러 납달리Sarah Naphtali) 등의 책들은 메시지가 분명하다.

주의 기울이기, 현재에 있기, 듣기, 평온함, 친절함이 영적인 육아 패러다임에서 핵심어들이다. 부모로서 이런 책들을 읽을 때면 꾸지람을 듣는 것이 아니라, 보통은 안도감을 느낀다. 가끔 일을 망치는 것은 아주 예사로운 일이다. 그러니 유명인들에게도 그 점은 마찬가지, 그들의 갈팡질팡함은 별스런 일이 아니다.

요컨대, 완벽한 육아는 존재하지 않는다. 그보다는 혼돈, 엉망진창, 불안에 대처하는 법을 다루는데, 당신은 그런 것들에 영향을 받기 때문이다. 좀 더 '놓아주어도' 괜찮고 '그 순간에 머물러도' 좋다. 영적인 양육자들은 대체로 긍정적인 심리학을 실천하는데, 권위적인 양육자처럼 아이의 잘못에 집중하는 것이 아니라, 무엇을 놓아주어도 좋은지, 아이와 어떻게하면 더 즐길 수 있고 어떤 것에 '그래'라고 말할 수 있는지에 집중한다. 당신은 그 지점에서 아이를 굉장히 진지하게 대해야 한다. 그 아이만의 남다른 요구를 경청하는 법을 배워야 할 것이다.

가장 좋은 방법은 이 육아법에서 핵심적인 가치인, 주의 기울이기와 들어주기에 먼저 스스로 익숙해지는 것이다. 그런 다음 아이에게도 예를 들어 명상이나 마음챙김 훈련 등을 가르쳐줄 수 있고, 그러면 가정을 보다 안정되게 꾸려갈 수 있다. 설거지를 귀찮은 일로 여기며 한편으로는 아이에게 억지로 시키기까지 해야 하는 대신에, 둘 다 주의를 기울이는 쪽을 선택한다.(더 좋은 것은, 함께) 그렇게 긴장을 풀고 집중하는 기술은 부정적인 사고를 다스리는 데 도움을 주며 자신을 받아들일 수 있게 된다고 점점 더 많은 연구에서 드러나고 있다. 또한 진심으로 경청하는 기법을 배움으로써, 타인의 말을 듣는 것뿐만 아니라, 자기 내면도 그만큼 잘 들을 수 있다. 번아웃이나 우울증, 마음의 위기를 겪고 나서야, 마음챙김과 요가에서 자신의 마음의 평화를 찾는 이들이 많다. 아이들에게 마음챙김의 지혜와 기법을 일찍이 전수해주면 어떨까?

중년의 위기, 삼십대 딜레마, 이십대 후반의 위기 말고도 이제는 십대의 번아웃도 빠지지 않고 언급된다. 십대는 정보와 자극이 넘치는 세계에서 어찌할 바를 모르는 나이이기에 자칫하면 넘어질 수 있다. 경쟁으로 인재를 선발하는 오디션 프로그램은 아이들에게 자신이 아주 특별한 존재가 될 수 있거나 되어야한다는 생각과, 생면부지의 사람들에게 평가받아야 한다는 생각을 심어준다. 그게 잘 되지 않으면 내가 잘못한 탓으로, 속수무책이 되고 실패한 인생이다.

≪육아의 종말≫(2004)을 쓴 네덜란드의 교육학자 얀 휘르츠Jan Geurtz는 영적인 육아의 표본을 보여주는데, 그의 기본 원칙은 과감한 탈권위다. 그 자신이 권위적 아버지 밑에서 자랐고, 그의 말로는 자신은 아직 거기서 회복되지 않았다. 그는 권위적으로 아이를 키우며 '해야한 다'는 단어를 끊임없이 쓰는 사람은 안타깝게도 실패한다고 주장한다. 자신의 이상적 상에 맞추어 아이를 키우는 헛일을 하는 셈이다. "당신이 원한다면 부모로서 금지 표지판을 땅에 수두룩하게 꽂아 놓을 수는 있 겠지만, 아이들은 나이가 들면, 밀려오는 조류와 같아진다. 당신과 그 표 지판들은 아이가 지닌 삶의 동력에 의해 영영 씻겨가버리고 말 것이다." 그가 제안하는 방법 가운데 하나는 '클리어링clearing'이다. 일주일에 한 번 가족 회의을 열어 가족 구성원 모두가 동등하게 자신의 감정을 전달 하고 표현함으로써 집안일을 명쾌하게 정리하는 방법이다.

거의 모든 영적 육아서는 부모와 자녀 간의 상호 이해와 같은 소통 문제를 주요하게 다룬다. 영적으로 양육한다는 것은 아이에게 무엇이나 허용해준다는 의미가 아니라, 부모가 아이의 요구를 무척 진지하게 받 아들이며 아이를 위해 존중하는 마음으로 설정한 한계선에 관해 소통 하고 설명해주는 것이다. 모든 아이는 특별하기에 아이 하나하나의 말을 잘 들어야 한다. 아이들을 다 똑같이 다루기란 불가능하다.

매우 정교한 소통 기법으로는 심리학자 마셜 로젠버그Marshall Rosenberg가 고안한 '비폭력 대화nonviolent communication'를 들 수 있다. 그 의 저서 ≪공감하며 아이 키우기Raising Children Compassionately≫(2004) 는 아이의 말을 진정으로 경청하는 법을 주요하게 다룬다. 로젠버그는 이스라엘과 팔레스테인 간의 암담한 갈등에서 영감을 받아 소통 기법을 만들었으나, 그의 기법은 결혼 생활과 부모 자녀 간 갈등에도 의미있어 보였다. 그는 양육의 목표란 부모와 자녀를 비폭력적으로 연결하는 것이라고 본다. 경찰관처럼 구는 사람의 자녀는, 마음에서 우러나 해서는 안 된다고 생각하기 때문이 아니라 그저 벌을 모면할 심산으로 특정한 행동을 하지 않는 아이가 된다. 자율성은 아이의 발달에 중대한 문제다. 아이는 항상 명령에 반발하기 마련이고, 명령으로 인해 그 부모와의 (부정적인) 의존적 관계는 제자리에 머문다.

로젠버그는 부모와 아이를 이어주는 대화법의 세 가지 기본 원칙을 수립했는데, 인발 카스탄Inbal Kashtan은 자신의 저서 ≪자녀가 '싫어'라고 할 때Parenting from Your Heart≫(2004)에서 이 원칙을 명료하게 요약했다.

1. 자녀는 존재하지 않는다. 그들은 인간이며, 인간으로서의 자녀다.
2. 자녀가 '싫어'라고 할 때는 다른 무언가에 '좋아'라고 말하고 있다는 의미다.
3. 부모인 당신 자신과의 공감이 좋은 부모가 되는 전제조건이다. 그럴 때 아이가 원하는 바를 짐작함으로써 아이와 공감하는 대화를 할 수 있다.

비폭력 대화 기법으로 말을 할 때는 특정한 방식이 있다. 항상 관찰을 먼저 한 다음, 느끼고, 그 다음에 부탁한다. 예를 들면 이런 식이다.

"네가 음식을 바닥에 던지는 걸 보면, 나는 걱정이 된단다. 왜냐하면 네가 아름답고 튼튼한 몸을 갖기를 정말 바라기 때문이야. 네 접시에 있는 것 먹겠니?"

예를 하나 더 들어보자. 아이 두 명이 장난감을 갖고 싸운다고 해서 장난감을 빼앗은 다음 "장난감 갖고 싸우면 안 돼! 서로 빼앗지 말라고!" 하고 말하면 당신은 부모로 잘못된 본보기를 보여주는 셈이다. 당신 자신이 그 장난감을 빼앗으면서, 그와 동시에 그러면 안 된다고 가르치고 있으니 말이다. 차라리 이렇게 말하는 편이 낫다. "너희들 둘 다 장난감 가지고 놀고 싶구나. 이해해. 둘 다 갖고 놀려면 어떻게 하면 좋겠니?"

로젠버그에게는 처벌 뿐만 아니라 칭찬 또한 논의할 여지가 없는 일이다. 아이가 거기에서 배우는 것이라고는 순전히 제 앞에 놓인 당근이나 채찍에 대처하는 법뿐이다. 상을 줌으로써 당신은 벌을 모방하고, 아이에게 칭찬을 낚는 법을 가르쳐주는 셈이며, 성과나 결과에 보상을 해주게 된다. 아이가 멋진 그림을 그렸다면, '그림이 멋지구나!'와 같은 결과보다는 '열심히 했겠구나'라고 노력을 언급해주는 편이 좋다.

이 지점에서 로젠버그의 기법은 대부분의 영적 육아서와 다른 길로 갈라진다. 대개는 긍정적인 보상은 장려되고는 하는데, 긍정적으로 인정을 해주면 긍성적 자아상을 만드는 데 도움이 되기 때문이다. 아이는 할 수 없는 것에 집중하기 보다는 자신이 잘 하는 것에 집중하게 된다. 이른바 '긍정적 부모 역할 프로그램Positive Parenting Program'의 한 부분인 '트리플 PTriple P 교육 과정' 또한 긍정적인 보상과 함께 작동한다. 네덜란드의 여러 학교에 걸려있는 '아이를 칭찬하는 101가지 방법' 포스터가 그 한 가지 사례다.

고든식 방법 (Gordon-Method)

경청 분야의 왕은 의심의 여지없이 토마스 고든Thomas Gordon 박사다. 그의 저서 ≪부모 역할 훈련Parent Effectiveness Training≫(2010)은 자녀와 유대감을 형성하는 소통 기법을 제시한다. 고든은 '수용 화법'을 강조하는데, 여기에는 비언어적 언어(안아주기)도 포함된다. 아이가 수용받는다는 느낌을 갖게 해주는 데에 모든 것이 집중되어 있다. 가장 중요한 팁은 누가 문제를 갖고 있는지 깊이 생각해보는 것이다. 만약 당신이 아이가 제 방을 청소하기를 바란다면, 당신이 문제의 주인이다. 만약 아이가 다른 아이와 싸움을 한다면, 당신의 아이가 문제의 주인이다. 문제가 당신에게 속해있다면, 당신은 '나 - 전달법(I-Message)'로 말해야 한다. 아이가 문제를 '소유'하고 있다면, 당신은 적극적으로 경청함으로써 도와줄 수는 있지만, 문제를 해결해주어야 하는 것은 아니다. 예를 들어보자.

아이(울면서) : 케이스가 내 트럭을 빼앗아 갔어.
부모 : 네가 기분이 나쁘겠구나. 케이스가 별로 친절하지 않다고 느끼는 거지?
아이 : 맞아요, 그건 친절하지 않아.

고든식 방법과 마셜 로젠버그의 비폭력 대화는 서로 겹치는 부분이 많다. 두 방법 모두 아이의 요구를 진지하게 대하며, '나 - 전달법'으로 소통하여 아이가 스스로 문제의 해결책을 찾게 하라고 제안한다.

2010년에 나는 허리가 아팠다. 힘든 업무와 어린 자녀의 조합은 너무 힘겨웠다. 나는 요가에서 위안을 찾고자 했고 쿤달리니 요가 강사가 되는 과정을 밟았다. 요가는 도움이 되었고, 나는 가능해지자마자 내 딸에게 어린이 요가를 가르쳤다. 명상과 호흡법을 일찍 접하는 것이 중요하다고 생각했다. 부모와 자녀가 함께 참가하는 요가 수업은 내 예상과는 달랐다. 신나고 거칠었다. 요가 강사는 아이들의 에너지를 쫓아가면서 재미있는 요가 기술('개구리 뜀뛰기', '코끼리', '파리')을 써서 지도했다. 나도 즐겁게 요가를 했지만, 수업이 끝나면 녹초가 되었다. 아이들의 그 모든 에너지를 그래도 눌러야 했던 것 아닐까? 그리고 수업의 리듬을 전적으로 아이들이 결정하지 않게끔 해야 하지 않았을까? 아니면, 정규 교육 과정 자체가 내 딸의 에너지를 누르는 것이니 그 편이 좋은 것이었을까?

어느날 내 딸은 제 입으로, 요가보다는 발레를 더 배우고 싶다고 했다. 나는 처음에는 좋지 않은 생각이라고 보았다. 꼭 끼는 발레복을 입고, 시키는 대로 하는 것 말이다. 하지만 딸 아이는 발레리나가 되고 싶어했고 기본 동작들을 연습했다. 나는 아이의 요구에 진지해야 한다는 육아 원칙을 따르며 그러라고 했다.

얼마전에 아이는 "엄마, 나는 요가할 때의 그 자유가 그리워요. 선생님도 그립고요. 터번을 쓰고 징을 울리는 진짜 요기였잖아요. 무척 신나기도 했고요." 라고 말했다. 그 말을 들으니 기분이 좋았다. 딸 아이와 함께 요가 수업에 가고 요가 페스티벌에 참여하면서 배운 점이 많았다. 예를 들면 딸 아이의 욱하고 감정적인 측면에도 나는 여유를 주고 싶었고, 그래서 아이가 감정을 표출할 수 있고 그래도 된다는 점을 알게 해 주고 싶었다. 그리고 나 또한 아이에게 내가 화나는 감정을 표현하고 아이에게 보여도 되었다. 화가 나도 괜찮은 것이며, 그럴 수 있는 일이고, 그렇다 해도 당신은 여전히 아이를 사랑한다.

어린이 만트라, 호흡법(강아지처럼 쉬쉬 소리 내기), 어린이 요가 수련은 정말 기분 좋고 그래서 절로 무척 흥겨워진다. 그렇게 당신 자신의 유년 시절의 장난스러운 에너지와 바로 접촉할 수 있다. 엄마인 나에게는 그 점이 유익하다. 딸 아이와 더 즐거운 시간을 보내고, 더 웃을 수 있기 때문이다.

얼마전에 딸 아이는 제 힘으로 접은 종이비행기에 글을 적어 내게 보내왔다. "엄마, 나는 엄마가 일을 좀 덜하고 나와 더 놀았으면 좋겠어요." 그 비행기는 지금 내 책상 위에 있다. 뭔가 잘 되지 않았을 때 요가가 어떻게 균형을 되찾아 주었는지에 대한 기억으로 남아있다.

" 프랑크 "

내 부모님은 규칙을 강요하기 보다는 들어주는 분들이었다. 어머니는 내가 하루를 어떻게 보냈는지 , 무엇이 좋았고 싫었는지를 날마다 잠깐 씩 이야기 나누려고 하셨다. 그렇게 우리는 우리 반에서 벌어졌던 복잡한 권력관계를 함께 이야기하고는 했다. 그것은 단지 듣고 말하기만은 아니었다. 내가 아홉 살 무렵이었던 듯싶은데 나는 정원에 나만의 집을 짓고 싶어서 안달이 났었다. 아버지는 나를 위해서 조그만 집 한 채를 지어주셨다. 나무 오두막 같은 종류였는데, 나는 무척 기뻤다. 아버지는 집 둘레에 울타리를 치고 거기에 깃발을 꽂아주셨다. 아버지는 조그만 내 영토를 '작은 프랑크국Frank-rijk('프랑스'의 네덜란드말)'이라고 불렀다.

6

적극적 자유와
소극적 자유

엄격함과 들어주기 사이의 딜레마에서 '한계선 정하기'라는 말을 깊이 살펴보는 일은 의미있다. 여기에 적극적 자유와 소극적 자유라는 철학적 구분을 적용해볼 수 있는데, 이는 20세기 영국 철학자 아이제이야 벌린Isaiah Berlin이 제시한 개념이다. 오늘날 우리는 우리 아이들에게 소극적 자유를 많이 준다. 소극적이라는 것은 가치 척도가 아니기에 소극적 자유가 반드시 나쁜 것이 아니다. 소극적 자유란, 걸림돌이 없는 데서 오는 자유를 말한다. 아이들을 되도록 가로막지 않음으로써, 아이들이 인생에서 무엇을 하고 싶은지, 어떤 사람이 되고 싶은지 스스로 선택할 수 있게 하는 자유다. 부모로서 당신은 아이가 되도록 많은 기회에 열려있게끔 해준다. 전통과 고정적 역할이 차츰 사라지고 있는 오늘날, 자녀들에게 소극적 자유를 추구하는 것은 당연하다.

지금보다 전통적인 사회에서는 사정이 달랐다. 아이는 특정 장소에서 특정 부모의 아들 딸로 태어남으로써 그 아이가 되었다. 출생지나 누구의 아들인지를 알 수 있는 마리에케 판네이메이헌Marieke van Nijmegen(네이메헌 출신의 마리에케)이나 얀 얀선Jan Jansen(얀의 아들 얀)이 그냥 나온 이름이 아니다. 그리고 아버지가 목수였으면, 그의 아들도 목수로 교육 받았다. 여자 아이는 확실히 선택의 폭이 더 좁아서, 결혼하고 엄마가 되었다.

물론 그랬던 시절은 한참 지났지만, 이런 사고방식이 지금도 완전히 사라지지는 않았다. 부모들은 자신의 기대와 바람을 자녀에게 투영하고 싶어한다. 축구장 터치라인에 서서 아이에게 고함을 질러대는 부모를 생각해보라. 그 부모는 자신이 축구선수가 되는 데 실패했고 이제는 제 자식이 축구 선수가 되어주기를 바란다. 지금도 변함없이 벌어지는 일이라지만, 우리는 이런 상황을 주로 코미디에서 보고는 하는데, 부모의 그런 행동이 조롱의 대상이라는 점은 의미하는 바가 많다. 부모들은 자신의 (좌절된) 꿈을 아이에게 투영하는 것이 현명하지 않음을 잘 알아가고 있다. 그들은 아이들을 되도록 자유롭게 놓아주며 특히 물리적 지원을 해주려고 노력하여, 아이들이 자신이 원하는 바를 정확히 스스로 할 수 있고 감독을 받지 않아도 되도록 한다.

아이들이 자신이 원하는 바를 정확히 안다는 것은 좋은 일이다. 그런데 이 책의 시작 부분에서 다룬 키잡이 딜레마에 나오는 스테인처럼, 그렇지 못한 어린 사람들에게는 어려운 문제일 수 있다. 스테인이 특별한 경우가 아니다. 사실 자신이 원하는 바를 정확히 아는 아이는 흔치 않다. 대부분은 아직 아무 생각이 없는데, 압박은 크다. 마땅히 자신의 선택이어야 하기에, 스트레스를 많이 준다. 네덜란드의 다큐멘터리 제작자 사라 도모갈라Sarah Domogala가 만든 영화 〈우리가 원했던 모든 것 All We Ever Wanted〉(2010)에는, 첫눈에는 남달리 성공한 듯 보이는 20대 네 명이 나온다. 그런데 그들 모두는 행복하지 않고 자신감이 없는 이들로 드러나는데, 자신이 적합한 일을 하고 있는지, 그 일을 잘하고 있는지 확신이 없기 때문이다. 자신의 선택이기에 잘해야 한다는 책임감을 더욱 더 느끼게 된다.

한편, 부모가 밀어붙이는 자녀는 적어도 어떤 측면에서는 더 쉬울지도 모른다. 그들은 그저 부모의 발자취를 따라가고, 그러는 동안 깊이 생각하지 않아도 된다. 그러다가 그다지 일이 재미있게 느껴지지 않는 때가 오더라도, 자신의 직접적인 잘못은 아니다. 무릇 일이란 항상 즐겁기만 할 수는 없으며, 반드시 최상의 상태일 필요도 없다. 게다가 부모가 하는 일을 아이가 정말 하고 싶어 하지 않는다면 그에 반항할 수도 있으며 그 또한 삶에 방향을 제시해준다. 자녀에게 요구 사항이 많은 부모는 그런 식으로 자녀에게 영감의 원천으로 남아있다고 볼 수 있다. 이런 시각으로 보면, 다정하고 잘 보살피며 물리적으로 지원해주는 부모를 비판할 구실은 없다.

자녀에게 부모와 같은 길(또는 부모기 하고 싶었던 일)을 가게끔 밀어부쳐야 한다고 굳이 주장하고 싶지는 않다. 물리적 지원과 함께, 한편으로는 자신의 선택, 다른 한편으로는 약간의 압박이 결합되면 가장 좋을 것이다. 독자들에게 그에 대한 이상적인 처방책을 내놓지는 못하겠지만,

딜레마에 대해 보다 통찰력을 가진다면, 부모로서 그 사잇길을 더 쉽게 찾을 수 있을지도 모른다.

소극적 자유의 반대에는 적극적 자유가 있다. 적극적 자유는 구체적으로 무언가를 하는 자유이다. 모든 가능성을 열어두고자 한다면, 우리는 끝내 어디에도 도달하지 못한다. 우리는 하나의 길을 선택하는 순간, 다른 길들은 닫고, 적극적 자유를 얻음으로써 그 안에서 더 발전해나간다. 아이가 몇 해 동안 날마다 연습하여 음악의 기초를 익혔다면, 아이는 음악가가 되기로 선택할 수 있지만, 음악에 관해 아무 것도 해본 적이 없다면 열 여덟살이 되었을 때 음악을 선택하기는 늦다.

게다가, 아이는 뭔가를 시작하고 나서야 자신에게 맞는지 아닌지 알아차린다. 그러니 때로는 자녀를 위해 선택하라. 아이가 선택한 것을 한동안 시도해보게 두어라. 정말 아니라면, 저절로 알게 된다. 그러면 적어도 아이 자신이 원하지 않는다는 사실은 알게 된다. 아이가 좋아하거나, 어쨌든 한동안 계속 해나갈 수 있다면, 아리스토텔레스의 길을 따라(다음 키잡이 딜레마에서 다룬다) 평생동안 즐기는 취미가 될 수도 있고, 이것으로 일상에서 휴식을 취할 수 있게 된다. 그리고 아이가 남달리 좋아하고 재능이 있는 걸 알게 된다면 어쩌면 직업으로 삼을 수도 있다. 아이가 어떤 분야를 잘한다면, 자신감과 즐거움의 원천이 되기도 한다.

음악으로 비유해보자면, 재즈에는 즉흥적인 요소가 많은데, 즉흥 연주란 '그냥 술술 나오는 것'에 자신을 실어보내는 것처럼 보인다. 음악에서 즉흥 연주를 궁극의 자유로 보는 사람들이 많다. 하지만 즉흥 연주를 하려면, 우선 연습을 굉장히 많이 해야 한다. '그냥 뭔가를 할 수 있는' 자유는 음계, 화음, 화성에 관한 지식이 탄탄하게 갖추어져 있어야 한다. 그런데 그 지식은 알기만 해서는 안 되고 내면화해야 하여, '자동적으로' 연주해야 한다. 논리적으로 따져서, '이것은 F7 코드이고, 그 위에 나는 내림 마장조를 연주할 수 있다'고 한다면 너무 늦다. 몸 안에 들어있어야 한다. 그때문에 끊임없이 연습해야 하는 것이다. 이러한 형태의 자유는 훈련을 요구한다.

" 스티네 "

나는 어릴 때, 항상 정해진 시간에 귀가하고 행선지를 말해야 하는 다른 네덜란드 아이들보다 훨씬 더 많은 자유를 누렸지만, 부모님이 엄할 수도 있다는 생각은 하고 있었다. 하지만 내 주변에서 본 네덜란드 가정과는 다른 방식이었다. 부모님은 무사안일함을 거부하며 선과 악이라는 강력한 윤리 개념에 엄격했다.

내가 수영자격 A급 취득 시험을 치를 때, 여동생과 나는 무거운 작업복 바지와 구두를 신고 있었다. 네덜란드 아이들은 가벼운 원피스와 물놀이 신발 차림이었다. 여동생과 나는 곧장 바닥에 가라앉았다. 구경하는 사람들은 웃음을 터뜨렸고, 우리는 몹시 창피했다. 하지만 어머니는 여동생의 등을 바로 펴주며, 네덜란드 사람들은 상인정신이 있어서 일을 되는 대로 너무 대충 해치운다고 말했다. 실제로는 물에 빠질 때 절대 물놀이 신발을 신고 있지 않기 때문이었다. 이익을 추구하는 보기 좋고 가벼운 놀이보다는 엄중한 진실에 집중하는 편이 바람직하다.

" 프랑크 "

"아빠, 저 높은 나무에 올라가도 돼요?"

힐레스가 일곱 살 즈음이었을 때 내게 물었다. 뭐라고 대답해야 했을까? 나는 부모님이 허락하지 않아도 나무에 올라갈 수 있었다. 그 나무는 엄청 키가 컸는데, 아이가 꼭대기까지 올라가서 떨어지기라도 한다면, 정말 심각한 상황이 벌어질 터였다. 한편으로는, 나도 옛날에 몰래 해본 적 있고 거기서 많은 것을 배웠던 그 칠딱서니 없는 행동이었다. 아이가 위험을 감수하지 않는다면, 위험에 대처하는 법도 배우지 못한다. 그러면 아이는 책상물림으로 자란다. 하지만 그렇다면 왜 아이는 나한테 물어보았지? 나는 아이에게 이렇게 놀라운 답을 해주었다.

"부모로서 나는 네가 못하게 해야 해. 그러니까 네가 거기 올라가고 싶으면, 몰래해야겠지." 내 대답에 아이가 만족했다고 생각하지 않는다.

☀ 철학에서 얻은 TIPS

1. 소크라테스 : 아이에게 물어보라

소크라테스(기원전 470-399)는 아테네 거리를 걸으며 젊은이들에게 질문을 던졌다. 그것이 그의 교육 방식이었다. 그는 지식을 전해주는 것이 아니라, 적합한 질문을 던짐으로써 젊은 제자들이 이미 스스로 알고 있는 바를 끌어내려고 애썼다. 오늘날에는 이와 같은 방법을 아마도 '코칭coaching'이라고 부를 테다.

그다지 해가 되는 일은 아니라고 할 수 있겠지만, 당시 권력자들은 생각이 달랐다. 소크라테스는 젊은이들을 망친다는 이유로 독배를 마시는 판결을 받았다. 그는 도주할 수도 있었으나 독배를 비웠는데, 이승의 삶에 그다지 애착이 없었고 속된 세상에서 떠나는 것에 만족했다.

오늘날 소크라테스는 역사상 위대한 교육자 중 한 명으로 간주된다. 그에게는 제자가 무척 많았지만, 가장 중요하고 유명한 제자는 철학자 플라톤이었다. 소크라테스 자신은 책을 쓰지 않았는데, 플라톤이 소크라테스의 질문을 자신의 책에 저술한 덕분에 우리는 소크라테스의 기법을 알고 있다.

그 기법은 여전히 적용하기에 무리가 없다. 예를 들면, 자녀가 해서는 안 될 일을 했는데 당신이 옳바른 처벌이 어떤건지 확실하지 않은 경우에는 당신의 딸이나 아들에게 물어보아라. 대체로 아이들은 어떤 벌을 받아야 하는지 이미 정확히 알고 있는 듯하다. 그리고 아이들이 스스로 해답을 제시했기 때문에, 그 벌 또한 깔끔하게 지키려고 한다.

2. 아리스토텔레스 : 오이코스, 사랑 속의 기업

아리스토텔레스 같은 그리스 철학자들은 오이코스oikos, 즉 가정에 관해 많이 이야기했다. 경제를 뜻하는 '이코노미'가 이 말에서 왔다. 애정을 중심으로 돌아가는 가정에서 경제라는 사무적인 개념을 바로 연결짓지 않기에 다소 놀랍게 들릴지도 모르겠다. 그럼에도 '오이코노미아oikonomia'라는 말은 '가계부를 잘 정리하다'와 같은 표현에서 울려퍼진다. 그리스 시대에 가정을 꾸리는 일은 지금보다 더 기업적이었다. 가정은 노예와 가축을 두고 자급자족하는 농장이었다.

어쩌면 오늘날에도 집안 살림을 다시금 보다 기업적으로 접근하는 편이 현명할지도 모른다. 가정 내 역할이, 아버지가 돈을 벌어오고 어머니가 아이들을 돌보던 50년 전처럼 명료하지 않은 까닭에, 누가 무엇을 하고 무엇이 최상의 양육 방식인지에 대한 의견 차이가 발생하고는 한다.

게다가 요즘은 한부모 가정이 많고 이혼 후에 부모 역할을 함께 하기도 한다. 혼돈 상태에 빠져서 옛날의 역할 분담 방식으로 은근슬쩍 되돌아가지 않으려면, 가정을 조금 더 하나의 기업으로 보고 가끔 가족회의를 연다든지 하면 좋을 것이다. 회의에서 누가 무엇에 책임이 있는지 확실히 하고 분담한 역할이 자신에게 잘 맞는지 대화하며 가족 구성원 모두가 자신의 의제를 내어놓을 수 있다. 문제가 심화되기 전에 계속 논의한다. 서기와 사회자는 돌아가면서 할 수 있다. 가정은 사랑으로 된 하나의 기업이다!

3. 칸트 : 학습이 즐거운 척 하지 마라

학습이 그저 즐거운 것은 아니라는 칸트의 견해가 좀 냉정하게 들릴 수도 있지만 그렇지는 않다. 한번 솔직해져 보자. 대부분의 사람에게 학교가 진짜로 즐거운 곳은 아니었지 않은가? 개학이 두려워 방학이 끝날 무렵에 복통을 앓지 않는 아이가 얼마나 될까? 학교가 즐겁지 않다는 전제에서 그냥 시작한다면, 적어도 최선을 다하려는 노력은 할 수 있다. 예를 들어, 아이가 등교 준비를 스스로 잘하도록 하고, 쉬는 날에는 아이들과 더 재미있는 활동을 함께 한다는지 하면서 말이다.

4. 요가 : 사춘기 자녀의 멘토를 찾아주어라

요기 바얀Yogi Bhajan의 사상에 바탕을 둔 동양의 철학 전통에서는, 부모가 자녀에게 아직 영향을 주는 나이와, 엄격함이 자녀에게 어떤 영향을 미치는지에 대한 생각이 분명하다. 일곱 살까지는 어머니의 역할이 매우 중요하다. 어머니는 아버지와 함께, 기본적인 안정감, 구조, 생활습관을 제시해줄 수 있다. 일곱 살 이후에는 아이의 시야가 바깥으로 향하고 의식이 확장한다. 친구가 보다 중요해진다. 이제는 아버지가 중대한 역할을 하며 열한 살까지는 배의 방향을 돌릴 수 있다. 그러고 나서 부모의 임무가 완전히 끝나지는 않지만, 영향을 주고 방향을 잡아줄 수 있는 가능성은 차츰 적어진다. 그 연령대의 아이는 좋은 학교 선생님이나 인생의 연륜있는 멘토에게서 유익함을 많이 얻는다. 이러한 멘토는 아이의 말을 경청하고 조언을 해줄 수 있으며 그래서 아이는 또 멘토에게 묻는다. 성인이라면 누구나 다른 사람의 자녀에게 멘토 역할을 해줄 수 있다. 당신은 믿을 만한 사람으로서, 아이와 이야기하고 대화를 북돋운다.

5. 영적 : 이행기 의례로 인생의 단계에 분명한 표시를 하라

어떤 남자들은 절대로 철이 들지 않는다는 불만을 여자들에게서 많이 듣는다. 그런 남자들은 어쨌든지 책임을 지지 않으려 하고, 사람들 말마따나 엄마의 치맛자락에 매달려있다. 혹은 중년의 위기가 닥치면 포르쉐를 산다. 철학자 수잔 나이먼Susan Neiman은 성인 여자도 마찬가지라고 주장했는데, 《왜 어른이 되는가?Why Grow Up?》(2014)에서 온 서구 문화가 '영원한 젊음'에 몰두하고 있다고 적고 있다. 노인은 '폐기물'로 간주된다.

영원한 젊음을 추구하는 대신에, 우리는 생애 주기의 다음 단계로 넘어갈 때 어떤 표시를 하며 기념할 수도 있다. 동양의 요기들은 이에 영감을 주는 생각을 제시해준다. 예를들어 일곱 살에서 여덟 살로 넘어가는 시기는 아이의 의식이 확장하고 세계가 조금 더 커지며 주된 관심이 이제는 부모에게 머무르지 않는 시기이다. 이때는 아이 자신 뿐만 아니라 아이를 둘러싼 세계도 더 커진다고 아이에게 설명해주는 의식을 치르며 표시할 수 있다. 당신의 자녀가 아기였던 시절과 작별하게 해주고, 성장한다는 것을 함께 축하할 수 있다. 아이가 사춘기일 때는 딸의 초경을 축하해 준다. 혹은 열 여덟이 되어 성인기에 한 걸음 다가갈 때에도 거듭 해줄 수 있다.

나이듦을 수용하고 준비하는 일은 언제나 중요하다. 그런 식으로 이

전 단계에서 쉽게 벗어나고, 아이가 영원한 젊음이라는 이상에 매달려 있게 될 가능성은 줄어든다.

개인의 행복이냐?
건전한 시민이냐?

제 육아 딜레마는:

제 딸 엠마(13)는 숙제하기를 싫어합니다. 아이는 굉장히 영리해요. 내가 아이의 숙제를 함께 해주면 아이는 높은 점수를 받아요. 그런데 제가 봐주지 않으면, 점수가 바닥으로 떨어지지요. 얼마 전에는 학교에 상담을 받으러 가야했어요. 선생님은 아이가 계속 그러면 낙제한다고 하더군요. 저는 딸 아이와 이 문제를 얘기했지만, 아이는 그다지 심각하게 생각하지 않아요. 저는 심각하죠. 이제 어떻게 해야할까요? 아이가 숙제를 혼자 하도록 밀어부쳐야 할까요? 아니면 될대로 되라는 식으로 그냥 내버려두어야 할까요?

1

느끼기냐,
형성하기냐?

'아이가 행복하기만 하다면.'

많은 부모들이 자녀가 명랑하고 행복하고 만족한 모습을 가장 보고 싶어한다. 아이가 입술을 샐쭉거리기만 해도, 이런 생각을 한다. '아유, 무슨 문제일까?' 또는 '어떻게 하면 아이를 다시 웃게 할 수 있을까?'

그런데 부모의 역할이 자녀를 행복하게 해주는 것이라고 믿는 양육자의 마음대로 되기란 쉬운 일이 아니다. 어떤 일들은 원래 즐겁지 않다. 악기 연습, 숙제, 식탁에서 얌전히 밥 먹기 같은 일들은 말이다.

아이를 키우는 누구나가 겪는 딜레마로서 양육 철학의 역사에서도 내내 되풀이 되는 것은 개인의 행복과 바람직한 시민의식 사이의 선택이다. 내 아이를 공동체에서 훌륭하고 의미있는 일을 하며 살아가는 사람으로 키워야 할까? 아니면 부모로서 때로는 즉흥적이고 생각지도 않은 규칙과 관습은 무시하면서, 무엇보다 행복한 아이가 되도록 키워야 할까? 머지않아 복잡하고 만만찮은 이 세상에서 혼자 힘으로 제대로 의미있는 기여를 할 수 있도록 아이를 준비시켜야 할까? 아니면 아이가 스스로를 발견하게 해야 할까?

바람직한 시민의식을 추구하면 표준화된 하향식 교육이 수반될 때가 많으며, 이는 아이에게 사회성을 길러주고, 동일한 관습과 지식으로 공통적인 배경을 제공한다.

반대로 개인의 행복에 촛점을 맞춘 교육방식의 지지자들은 아이에 맞게 특화된 홈스쿨링 같은 방법을 선택할 때가 더 많다. 영화 〈캡틴 판타스틱〉(2016)에서 비고 모텐슨이 주인공으로 분한 '규칙 무시자' 아버지가 그런 경우다. 이 아버지는 미국 자본주의 소비사회의 삶을 전혀 좋아하지 않는 사람으로 나온다. 그는 숲에서 은거하면서 아이들에게 지리와 역사뿐만 아니라 사슴 사냥법과 가파른 낭떠러지를 기어오르는 법을 가르친다. 그러니 장인, 장모를 비롯하여 사회의 많은 사람이 아이들을 뜨악한 눈으로 바라보지만 그는 기꺼이 감수한다.

오늘날 자녀 교육이 점점 아이 개개인의 행복에 초점이 맞춰지는 것 같은 것도 육아의식 수준의 발달 덕분이다.

2016년 네덜란드 여성 한 명 당 자녀는 1.66명으로 아동 수는 갈수록 감소하는 반면, 자녀를 낳는 평균 연령은 서구 사회에서 차츰 높아져서 네덜란드의 경우 여성 평균 연령은 29.6세(2015)이다. 아이를 낳는 것은 이제 매우 의식적인 선택이 되었다. 이렇게 아이를 계획하여 낳은 부모에게 아이란 부모의 여가시간을 방해하거나, 알아서 잘 헤쳐나가는 존재가 아니라, 모든 것을 받아야 마땅한 존재로, 부모들은 아낌없이 모든 것을 베풀며 그들이 행복한 모습을 보고 싶어한다. 한편으로는 거기서 행복은 정서적인 방식으로 구체화된다. 행복한 아이는 기분이 좋고 명랑하다. 디즈니 영화 〈인사이드 아웃Inside Out〉(2015)은 이 주제를 보여준다. 열한 살된 소녀 라일리는 내키지않은 상황을 겪게 되는데, 생판 낯선 지역으로 이사를 하게 되고, 그때문에 몸담았던 아이스하키 팀뿐만 아니라 친구들과도 작별을 고하게 된다. 라일리의 머릿속에는 '버럭', '까칠', '소심', '슬픔'이라는 감정들이 서로 우위를 차지하려고 다툰다. 이 감정들은 머리 안에 든 작은 인형으로 표현된다. 행복한 노란색 인형 '조이', 즉 기쁨은 다른 감정들이 너무 많이 나대면 주도권을 발휘하며 법석을 떤다. 영화를 보는 아이와 부모 모두, 행복이란 평범한 감정적 상태이며 추구할 가치가 있는 것이라고, 바로 생각하게 될 것이다.

다른 한편으로는, 행복한 아이를 추구하면서 육아의 사회적인 면에 분명 관심을 기울일 수는 있으나, 이때는 주로 성공적인 아이에 관해서다. 아이를 취미 학원 여러 군데로 돌리고 성과에 중점을 두는 부모의 특징을 나타내는 말로, '프로젝트 자녀', '극성 부모', '과대망상 부모' 같은 표현이 지난 10년 동안 등장했다. 사회 안에서 성공한다는 것은 개인주의적이고 물질주의적인 방식으로 구체화된다. '내' 아이는 그저 성공할 수 있고 돈을 많이 버는 직업을 얻는다는 것이다. 행복한 아이란 그러니까 직업적으로 잘 나가는 아이가 된다. 만인의 행복과 사회도, 지속가능한 공동체에 아이가 시민으로서 기여하는 데 필요한 역량도 우선 순위가 아니다. (정서적인) 적자생존이 우선이다.

네덜란드의 교육학 교수 미샤 더 빈터르Micha de Winter는 ≪더 나은 세상, 육아에서 시작하라Verbeter de wereld, begin de opvoeding ≫(2011)에서 정서화emotionalization의 시기가 지나고 이제는 육아에 관한 사고를 전환해야 할 때라고 주장한다. 그의 주장에 따르면, 신자유주의적 문화에서 육아는 지나치게 개인적인 프로젝트가 되어 만사가 개인의 기회와 발전을 중심으로 돌아간다는 것이다. 부모는 자신의 자녀만 걱정하고, 다른 사람의 자녀는 신경쓰지 않는다. 사회적인 염려는 정치에도 반영된다. 더 빈터르 교수는 육아에서 민주적 시민의식, 인간애, 자유를 내면화하는 것이 더 중요해지기를 바란다. 아이가 우리를 그렇게 유혹하는 것들에 저항하도록 어떻게 가르치는가? 아이가 온갖 자유와 선택을 만들어가게끔 어떻게 도울 수 있는가? 아이에게 지속가능성과 사회정의라는 가치를 어떻게 전해주는가? 더 빈터르는 미국 철학자 존 듀이 John Dewey에게서 도움을 받는데, 듀이는 아이들에게서 자극할 수 있는 민주적 인격 발달 같은 것이 있다고 믿는다. 아이들은 상호 이해를 추구함으로써 자신의 이해와 집단의 이해를 다루는 법을 배우며, 다양하고 서로 충돌하는 의견과 거기서 발생하는 갈등에 대처할 수 있다. 그렇게 아이들은 바람직한 시민이 된다.

'행복 VS 바람직한 시민의식'이라는 양육 딜레마는 첫 번째 양육 딜레마, 엄격함 VS 들어주기와 마찬가지로 시계추처럼 교육 철학의 역사로 되돌아간다. 양극단의 입장을 선명하게 대비하기 위해서, 우리는 철학자 두 명을 서로 마주 세운다. 한 쪽에는 고대 그리스 철학자 플라톤이 있는데, 플라톤은 교육이 무엇보다 이상 사회를 함께 만들어 갈 수 있는 훌륭한 시민을 양성하는 기회라고 본다. 그에게 교육은 또한 무척 중요한 것으로, 어쩌다보니 부모가 된 이들에게 맡겨둘 수는 없다. 그는 집단 교육을 옹호한다. 다른 한쪽에는 18세기 철학자 장자크 루소가 있다. 루소는 아이들을 생애 첫 시기에는 사회 바깥에서 키워야 한다고 주장한다. 아이들은 숲속에서 떠들썩하게 뛰어놀며 되도록 오랫동안 아이로 남아있어야 한다. 루소는 바람직한 시민을 전혀 좋아하지 않는다. 그들은 가장 짜증스러운 유형으로, 실제와 다른 모습으로 내숭 떠는 위선자들이다.

육아의 목표로써 시민의식과 개인 행복 간의 대조를 뚜렷이 하고자, 우리는 먼저 이 두 철학자를 다룰 것이다. 그 다음 그 양극단 사이에 있을 때가 많은 아리스토텔레스의 교육 사상을 말하고자 한다. 그런 다음 이 양극단이 오늘날의 육아 딜레마에 어떻게 변함없이 작용하고 있는지 보여줄 것이다.

66 프랑크 99

내 두 아들이 자기가 먹을 음식을 만들어 먹을 수 있다는 것, 내 생각에는 가정 교육에 포함되는 사항이다. 그럼으로써 나는 아이들을 바람직한 시민으로 키우자 하는가, 아니면 아이들이 행복하기를 바라는가? 처음에 아이들은 어쨌거나 요리를 배우는 것을 그다지 행복해하지 않았다. 특히 큰 아들이 그랬다.

둘째 아들은 내 아내처럼 맛있는 음식을 좋아하여 스스로 식사 준비하기를 즐겨서 제대로 할 줄 안다. 큰 아들은 나를 더 닮은 탓에 먹어야 하기 때문에 먹는 편이다. 따라서 요리도, 해야하니까 한다 - 정확히는, 둘 다 일주일에 한 번이다.

초기에는 만만치 않았다. 큰 아들은 잊어버릴 때가 많았다. 그러고는 다른 날로 미루었고, 그 날이 되면 또 잊어버렸다. 그렇게 큰 아들은 잊을 만하면 일주일을 넘겼다. 일단 할 때에는, 특별 요리를 내놓기도 했다. 쌀을 먼저 익히지 않고 만든 볶음밥이라거나. 하지만 말해둘 것은, 서서히 규칙이 자리잡았고, 이제는 주 1회를 꼬박 지켜 요리한다. 매번 새로운 요리법을 준비하여 그에 따라 충실하게 요리하며, 아주 맛있을 때가 많다. 그리고 내 아내와 작은 아들도 맛있어한다.

마이클 :

즐거운 식사 시간이냐, 음식이 마음에 들지 않아 짜증스런 표정이냐. 아이 셋이 흡족해하는 저녁상을 차리기가 어려워요. 저녁 식사 시간이 하루 중에 가족이 다 모이는 유일한 시간일 때가 많은데 말이에요.

 빔:

딸 아이가 학생 클럽에 가입했는데, 자기가 선택했기 때문에 아주 저자세로 굽니다. 그래서 참견하지는 않아요. 그래도 저 아이가 내 자식이 맞는지 의아합니다.

 루스:

열 두 살 된 제 아들은 학교 성적이 좋지 않아요. 아들은 숙제하는 대신에 컴퓨터 게임을 하지요. 아들은 누가 도와주는 걸 싫어하는데, 자신이 멍청하게 느껴져서 그렇답니다. 어떻게 해야할까요?

 옐카 :

공상을 많이 하는 딸 둘이 있어요. 딸들은 잘 놀기는 하는데, 집이 어찌나 엉망인지! 정리하려면 아휴! 결과는, 어쩔 줄 모르는 엄마지요. 그런데 한편으로는, 굉장한 공상이잖아! 내가 왜 까칠하게 굴고 있담, 하는 감정이 든답니다.

2

플라톤 VS 루소
시민이냐, 자유냐?

　플라톤(기원전 427년경-347년)은 엠마가 학교 숙제 하기를 싫어한다고 해서(키잡이 딜레마 2 첫 장) 행동을 가르치지 않을 까닭은 없다고 말할 테다. 플라톤의 저서 ≪국가≫에는 유명한 동굴의 비유가 나오는데, 거기서 육아에 관해 배울 점이 많다. 플라톤은 동굴에서 살아가는 사람들을 묘사하는데, 그들은 사슬에 묶여있기 때문에 정면 밖에 보지 못한다. 바로 앞에 있는 암벽에 그림자가 움직이는 모습이 보인다. 그 그림자는 사슬에 묶인 사람들의 뒤쪽에 있는 사람들이 걸어다니면서, 말, 의자, 주전자, 그리고 진짜 세계에서도 실제로 있는 온갖 물건의 모양을 본뜬 가짜 물건을 치켜들어서 생긴 것이다. 가짜 물건 뒤에는 횃불이 타고 있고, 그로 인해 동굴 벽에 그림자가 비친다. 동굴 안 사람들은 평생을 거기서 보내며 다른 것을 본 적이 없기에, 그 그림자가 실제의 사물이라고 생각한다.

이 동굴 이야기가 육아에 관해 하는 말은 무엇인가? 동굴 안의 사람들, 그들은 바로 우리 아이들이다. 그들은 단단히 묶여있는 탓에 제힘으로 진정한 앎에 이르지 못한다. 무슨 일이 일어나지 않으면, 그들은 평생을 가짜 사물의 그림자를 보면서 진짜라고 여기며 살아간다. 그래서 양육이 아주 중요하다. 플라톤에 따르면, 양육이란 인간을 족쇄에서 풀고 동굴에서 나오도록 이끌어, 진짜인 것들을 보는 것이다. 족쇄에서 스스로 벗어나 동굴 밖에 이미 나가보았고 햇빛을 본 사람만이 그 양육을 맡을 수 있다. 그런데 그 사람들은 되도록이면 동굴로 돌아가려고 하지 않는다. 바깥이 훨씬 더 아름답다. 햇빛은 더 따스하고 환하다. 진짜인 것을 한번 알게 되면, 그 어두컴컴한 동굴로 다시 돌아갈 마음은 어지간해서는 들지 않는다. 플라톤의 말이 맞다면, 그때문에 육아는 재미가 없다. 바깥 햇살을 즐기는 편이 낫다.

더 난감한 일은, 묶여있는 사람들은 이제는 사슬을 풀고 나오려는 마음이 없다는 점이다. 그들은 양육을 받고 싶지 않다. 동굴이 실제 세계라고 생각한다. 당신은 그들이 망상에서 벗어나도록 도와야 하는데, 거기에는 저항이 따른다. 그들의 눈은 바깥의 햇빛에 적응되기는 커녕, 동굴 안의 횃불이 내뿜는 빛에도 적응되지 않았다. 그들은 익숙한 어린이 세계에 머무르기를 선호한다.

그러므로, 양육하는 일은 즐겁지 않고, 양육 받는 일도 매한가지다.

그래도 양육은 해야만 하는 일이다. 하지만 왜 꼭 그래야 할까? 왜 일단 동굴 밖에서 햇빛을 즐기면서 그 미양육된 아이들을 동굴에 내버려둘 수 없는가? 왜냐하면, 플라톤은 개인이 아니라 공동체를 다루기 때문이다. 미래는 우리 아이들에게 달려 있고, 따라서 아이들은 이상국가에 필수적인 존재다.

장래의 이상적 시민과 통치자를 만들어 내기 위해 플라톤은 꽤 멀리 나간다. 그에 따르면, 아이들은 부모가 누구인지 모른 채 집단 양육을 받는 편이 낫다. 그리하여 아이들은 부모들의 사회적 지위가 주는 장단점을 경험하지 않아도 된다. 소년 소녀들은 처음에는 플라톤에게서 모두 동일한 양육과 동일한 교육을 받는다. 그런 다음 예선전이 벌어진다. 똑똑한 아이들은 계속 배우도록 허용되고, 덜 똑똑한 아이들은 서서히 낙오한다.

이 예선전의 중요성을 이해하려면, 플라톤의 이상국가에 관해 좀 더 알 필요가 있다. 이상국가에 대한 그의 상은 그의 영혼관과 결부된다. 플라톤에 따르면, 우리의 영혼은 쌍두마차와 비교할 수 있다. 하늘을 나는 마차를 모는 기수와 그 마차를 끄는 말 두 필, 검은 말과 흰 말. 검은 말은 우리의 낮은 측면, 땅을 의미한다. 그 말은 아래로 내려가고 싶다. 자신의 욕구를 충족시키고 싶으니, 바로 음식과 섹스다. 흰 말은 태양을 향해 위로 올라가고 싶다. 귀족적이고 강력하며 불같지만, 너무 높이 올라가면 말이 너무 뜨거워지기에 고삐에 묶여 억제되어야 한다. 흰 말은 우리의 열정을 나타낸다.

기수는 쌍두마차가 줄곧 직진하고 동일한 높이를 유지하게끔 두 마리의 말이 마차를 끄는 모습을 보아야 한다. 그 기수는 우리의 이성이다. 말 두 필과 함께 우리 영혼의 세 부분을 구성한다.

영혼의 세 부분이 누구나에게 똑같은 정도로 있는 것은 아니다. 검은 말이 주로 영혼을 지배하고 있는 사람이라면, 낮은 수준의 욕구를 충족시켜주는 물품을 생산하는 일을 가장 잘 할 수 있다. 예를 들면 농부로서 땅에서 식량을 생산하는 일이다. 흰 말이 배후에서 조종하는 경우, 수호자(오늘날의 경찰관이라고 할 수 있을 테다)가 최상의 직무다. 이성이 우위를 차지할 때는, 도달할 수 있는 최고의 자리, 바로 철인이 될 수 있다. 플라톤에 따르면 철인은 다른 두 그룹을 가장 잘 제어할 수 있기 때문에, 사회에서 권력을 얻어야 한다. 게다가 철인은 사회에서 아마도 가장 중요한 임무일, 주양육자 임무를 맡는다. 그리하여 국가의 미래를 손에 거머쥐는데, 훗날 다함께 국가를 운영해야할 귀한 재료, 즉 사람을 빚어내는 책임자가 되기 때문이다.

따라서 플라톤에게 사회는 하나의 커다란 영혼이며, 영혼의 세 부분은 계급의 형태로 나타난다. 교육은 그 세 부분에서 조화되어야 한다. 누구나 자신이 가장 잘 할 수 있는 일을 해야 한다. 가장 낮은 계급인 농민은 학교 교육이 좀처럼 필요하지 않으며 일찌감치 일을 시작할 수 있다. 다음으로 두 번째 계급이 남는데, 그들은 공동체의 수호자가 된다. 계속 배움을 더 이어갈 수 있는 사람들은 가장 높은 수준의 지혜와 접촉하게 되며 권력을 집행할 수 있다. 게다가 그들은 50세 무렵에야 교육이 끝난다. 아마 그 나이쯤 되면 비로소 자신이 지닌 지혜를 즐기게 될 테지만, 의무의 부름을 받기에, 그들은 사회를 이끌어가며 새로운 세대를 훌륭한 시민으로 길러내는 데 그 지혜를 내놓아야 한다.

이 장 앞 부분의 육아 딜레마를 놓고 플라톤은 이렇게 말하리라. 엠마가 숙제를 하게 하라! 엠마가 아주 똑똑하다면, 언젠가 철인이 될 수도 있을 테다. 불평해서는 안 되며 자신의 지성을 공동체에 바쳐야 한다. 즐거운가 아닌가는 중요하지 않다.

장자크 루소(1712-1778)라면 이렇게 말할 테다. '아니지, 그냥 아이처럼 지내게 내버려 둬. 엠마가 숙제할 마음이 없으면, 역시 할 필요는 없어. 게다가 스스로 우러나지 않으면 아무 것도 배우지 못해.'

루소는 양육에 관해서라면 필시 영향력이 가장 큰 철학자일 것이다. 이 스위스 철학자가 쓴 《에밀, 또는 교육에 관하여》(1762)는 그의 시대에는 너무 진보적이었던 나머지, 금서가 되었는데, 심지어 18세기에 거의 모든 출판물이 용인되었던 네덜란드에서조차 금서였다. 루소는 제 자식 다섯 명은 아이들이 아직 아주 어렸을 때 하나씩 하나씩 버렸기 때문에, 다름 아닌 그가 그런 유명한 교육서를 썼다는 사실은 특이하다. 그가 양육 경험을 얻은 것은 부잣집 자녀들의 가정교사를 하면서였다. 독자들은 《에밀》을 읽으면서 주인공 소년 '에밀'이 성인이 되어 자립적으로 살아나갈 수 있을 때까지 성장하는 모습을 보게 된다. 에밀은 어떤… 장자크라는 사람의 손에 양육된다.

아이를 바람직한 시민으로 양성하는 것은 루소의 의도가 아니다. 사회가 어떻게 되든 그에게는 상관없다. 루소는 바람직한 시민이라는 것이 어떤 의미인지에 대한 끔찍한 예를 ≪에밀≫에서 제시한다.

> 스파르타의 어떤 여인이 아들 다섯 명을 군대에 보냈는데, 전투가 벌어
> 지고 있었다. 전장에서 급사가 도착하여, 여인은 떨면서 전황을 물었다.
> "다섯 아드님은 모두 전사했습니다."
> "못난 인간 같으니. 내가 그것을 물었더냐?"
> "전투는 승리했습니다!"
> 그제서야 ㄱ 어머니는 신전으로 달려가 감사의 기도를 올렸다.
> 이것이 시민의 실체이다.

그렇다면 루소가 양육에서 바라는 바는 무엇인가? 그는 이렇게 쓴다.
"자연의 질서 안에서 인간은 모두 평등하며, 그들에게는 공통의 소명이
있는데, 바로 인간이라는 상태다. 잘 교육 받아 이 상태에 이른 인간은
그 소명과 연관된 것이면 무슨 일이든 잘 해낼 수 있다. 나의 제자를 장
차 군인으로 만들려하든, 성직자나 법률가로 만들려하든 아무래도 좋
다. 자연은, 부모들이 그의 소명을 결정하기 전에, 그에게 인간답게 살아
가라고 명령한다. 인생, 내가 제자에게 가르치려는 일은 그것이다. 내게
서 떠나갈 때, 그는 관리도 군인도 성직자도 아닐 것이라고 나는 장담한
다. 그는 무엇보다도 먼저 인간일 것이다."

누군가에게 '인간'이라는 일을 어떻게 가르쳐 줄 수 있는가? 그 사람
을 최소한으로 형성함으로써 가능하다. "조물주는 모든 것을 선하게 창
조했지만, 인간의 손길만 닿으면 다 타락한다."라는 유명한 문장으로 루

소는 책을 시작한다. 아이들은 태어날 때는 아주 선하지만, 주의하지 않으면 교육으로 망치고 만다. 자연nature은 좋은 것이고, 문화culture는 나쁜 것이다. 루소는 아이를 모든 고통의 근원인 도시와 문명에서 멀리 떨어져있게 하라고 말하리라. 아이를 자연 속에서 자라게 하라. 다른 사람들로부터, 그리고 다른 아이들로부터도 보호하라. 그들은 더는 자신으로 존재하지 않기에 아이에게 조잡한 버릇을 전해준다.

루소는 일찍이 아이는 덜 자란 어른이 아니라고 믿었던 사람 중 한 명이다. 아이는 자신만의 경험 세계가 있고, 부모는 그 세계가 되도록 오래 유지되도록 해주어야 한다. 연령대마다 그 연령대에 맞는 가능성이 있다. 이성은 열 두 살은 되어야 개발되기 때문에, 그 전까지는 아이의 이성에다 대고 말하지 않는 편이 좋다. 그 시기 전까지 인간은 도덕 의식도 없어서, 선과 악을 따지기에는 아직 적합하지 않다. 그러니 그에 대해 불평하지도 말아라. 아이가 얌전하거나 순종적이기를 절대 기대해서는 안 된다. 그러면 아이는 이런저런 거짓말을 함으로써 부모의 마음에 들려고 노력하기 때문이다. 아이가 부모를 두려워할 필요가 없을 때, 모두 정직하게 대화하며 실제와 다르게 가장하지 않을 것이다.

여기까지 읽어보면, 루소를 되도록 양육에서 배제시켜야한다는 생각이 들지도 모르겠으나, 그렇지 않은 것으로 보인다. 사실은 그 정반대다. 에밀은 굉장히 집중적인 교육을 받았다. 에밀을 가르친 교사는 거의 내내 에밀의 곁에 있으면서 어떻게 그를 도울 수 있을지 연구한다. 혹시 에밀식 양육법을 직접 써보고 싶다면, 아이에게 시간을 온통 쏟기 위해서

직장을 그만둘 수 밖에 없다. 아이를 두 명 이상 키우기는 불가능하다.

장자크 루소는 에밀에게 강요하지 않는다. 에밀이 뭔가를 알고 싶어 하면, 그는 설명해준다. 관심은 에밀 자신에게서 비롯되어야 한다. 양육자가 그 지적 호기심을 북돋워주려하는 것은 괜찮다. 어느 날 양육자는 예를 들어 에밀을 숲에 데리고 가서 함께 길을 잃어본다. 그때 그는 제자에게 천체를 기준 삼아 방향을 찾는 법을 설명해준다. 에밀은 길을 잃은 상태에서 설명을 귀담아 듣게 되고, 그들은 쉽게 길을 되찾는다.

루소는 아이에게 무얼 하라고 절대로 강요하지 않을 테지만, 보상도 해주지 않을 테다. 그러면 아이는 그 주제에 흥미를 느껴서가 아니라, 보상 때문에 숙제를 할 것이기 때문이다. 보상은 외적인 동기인데, 중요한 것은 오직 내적 동기다. 유일한 보상이라면 호기심이 해소된다는 점이다.

키잡이 딜레마로 다시 돌아가보자. 엠마의 어머니는 어떻게 엠마가 호기심을 느끼고 내적 동기에서 숙제를 하게 할 수 있을까? 혹시 역사 과목 숙제라면, 해당 시대를 다룬 영화를 함께 볼 수 있다. 그런 방식으로 어쩌면 주제가 생생해지고 엠마는 스스로 더 알고 싶어할 지도 모른다.

66 스티네 99

내 딸은 피아노를 배우고 있다. 전남편은 자신이 어릴 때 악기 연주를 배우지 않은 게 항상 아쉬웠기 때문에, 내 아이는 배웠으면 좋겠다고 몹시 바란다. 악기 연주는 소중한 능력이기에, 나야 뭐 아주 좋은 생각이라고 본다. 그런데 날마다 30분씩 연습해야 하는 딸은 '피아노 연습'이라는 말만 나오면 못마땅한 표정을 지으며 화를 낸다. 나는 한편으로는 전남편의 피아노 문제가 나한테 얹혀진 듯해서 짜증스럽다. 다른 한편으로는 나도 아이가 규율을 익히기 위해서라도, 계속해야 한다는 생각도 든다. 정작 아이는 차라리 연극이나 조립하기를 하고 싶다고 말한다. 아이가 자진하여 그것들을 아주 즐겁게 하는 모습을 보면, 아이가 그걸 하도록 북돋워주며 피아노 교습은 그만두게 할까 하는 쪽으로 마음이 기운다.

루소는 아이가 자진하지 않는 문화적인 활동은 강요하지 않는 편이 낫다고 보는데, 나는 뼛속들이 루소의 후예일까? 그리고 아이를 계속 밀어붙이면 음악을 좋아하는 마음이 영영 망가지지는 않을까? 그러면서 전남편과 나는, 아이가 일년은 배우게 한 다음, 두고 보기로 함께 결정했다. 그사이 나는 아이에게 연극을 해도 좋다고 허락해주었다. 나는 그 논거로 아이가 거기서 협동, 창의성 같은 사회에 중요한 자질도 배울 것이라고 말한다. 연극 배우는 어쨌거나 기후 변화 등등을 주제로 멋진 연극을 만들 수도 있고… 사실 이건 변명이다. 딸 아이는 그저 분장을 좋아할 따름이다. 그리고 나는 집안이 시끄러워지는 게 싫다. 그러다보니 의문점이 고개를 내민다. 아이는 인생을 살아가는 자질을 어떤 취미를 통해 배우는가? 무엇이 아이를 바람직한 시민으로 만들고, 무엇이 아이를 행복하게 하는가?

아리스토텔레스,
중용

아리스토텔레스(기원전 384~기원전322년)는 행복한 어린이라는 주제로 이야기하자면 우습다고 여길 것이다. 어린이는 행복을 경험할 만한 이성적 능력이 아직 충분하지 않으며, 게다가 행복이란 오랜 시간을 두고 판단할 수 있는 것이다. 그는 요즘 부모들이 자녀를 행복하게 만들고 싶어하는 바람을 고개를 절레절레 흔들며 지켜볼 테다. 그렇다고 해도 그의 양육 철학에서 행복이 중요한 부분을 차지하지 않는 것은 아니다. 바람직한 시민의식도 마찬가지이다.

아리스토텔레스의 양육 철학은 플라톤과 루소의 중간에 위치한다. 그에 따르면, 행복과 바람직한 시민의식은 서로 모순되지 않는다. 인간은 꿀벌과 같은 사회적 동물이기에 자신의 집단 구성원과 잘 지낼 수 있으면 가장 행복하다고 그는 주장한다. 그리고 집단 구성원과 잘 지내려면 훌륭한 시민이어야 한다.

아리스토텔레스는 행복을 '삶의 의지와 목적'이라고 기술한다. 행복에 이르게 해주는 숱한 수단을 언급하는데, 부유함, 자녀, 안락한 노년, 건강, 아름다움, 평판, 명예, 성공, 고상한 출신성분, 권력 같은 것들이다. 하지만 그보다 훨씬 더 중요한 것은 '덕'을 추구하는 것이다. '덕'이 있으면 어려운 시기도 견뎌낼 수 있다. 열심히 노력하며 이성과 지식을 발달시킴으로써 덕에 이를 수 있다.

아리스토델레스의 말에 따르면, 삶의 의지와 목적을 형성하는 그 행복이란 무엇인가? 지구상의 모든 생명체는 자신의 잠재성을 최대한 발현할 수 있을 때 비로소 행복해진다. 씨앗 한 알은 나무가 될 수 있는 모든 것을 자신 안에 담고 있다. 씨앗이 비옥한 토양에 떨어지고, 충분한 물과 햇빛을 공급받는 여건이 잘 갖추어지면 이파리가 무성하고 아름다운 열매가 열리는 근사한 나무로 자란다. 그 가능성은 작은 씨앗에 이미 들어있지만, 발현되려면 주변 환경이 좋아야 한다. 어린 나무가 햇빛을 충분히 받지 못하거나 물이 부족하면, 완전히 성장하지 못할 것이고 열매가 많이 열리지 않아 꽤 불행해 보이는 물렁한 작은 나무로 자랄 것이다.

우리 아이들은 씨앗이기도 하다. 무언가가 되기 위한 잠재성이 그 안에 들어있다. 좋은 환경을 마련해 주면, 아이들은 인간의 잠재성을 최대한 활용하여 행복해질 것이다. 물론 오직 부모만이 그렇게 해줄 수 있는 존재는 아니고, 아이가 성장하는 나라의 여건, 시대 등에 달려있기도 하다.

아리스토텔레스는 인간의 일반적인 잠재성의 종류를 구분하는데, 우정 형성, 타인과 함께 살아가기, 신체와 정신을 계발하기 같은 것들이다. 또는 더 구체적으로, 어떤 사람은 글을 잘 쓰고, 어떤 사람은 그림을 잘 그린다. 당신은 자신만의 특별한 힘으로 그 잠재성을 계발함으로써 '스스로 힘을 낼 수' 있다. 그렇게 되면 한결 행복해진다. 자신의 잠재성을 계발할 기회를 얻는다면, 성공한 삶이다. 거기서 바람직한 양육이 중요하다는 것이 아리스토텔레스의 생각이다.

아리스토텔레스 자신이 어떤 교육을 받았는지는 알려진 바가 많지 않다. 그래도 우리는 그가 어릴 적에 아버지 니코마코스를 여의었다는 사실은 알고 있다. 이 철학자는 자신의 아들에게 아버지의 이름을 붙여주었다. 그는 좋은 아버지이자 특출나게 훌륭한 양육자로 알려져있는데, 자기 자식들만 양육한 것은 아니었다. 마케도니아의 왕도 자신의 아들을 양육해달라고 부탁해왔다. 이 아들은 훗날 역사상 가장 성공한 사람의 하나로 성장하는데, 바로 알렉산더 대왕이다.

아리스토텔레스는 자신의 육아 이념을 실천에 옮겼을뿐만 아니라 저술로도 남겼는데, 주로 ≪정치학≫에 그 내용이 담겨있다. 이 책을 보면, 그는 자신의 스승이었던 플라톤과 마찬가지로, 양육을 정치의 일부로 보았다. 아리스토텔레스에게 행복한 인간이란 내내 흥분이나 쾌락의 상태에 있는 사람이 아니다. 행복한 삶이란 무언가를 '해낸 삶'이며, 전체적으로 성공한 삶이다. 그 안에는 슬픔을 위한 자리도 있다. 더 나아가, 슬픔이 없는 삶은 성공한 삶이라고 할 수 없다. 왜냐하면 만약 여러분이 우정을 쌓는다면, 이것은 훌륭한 인간의 삶에 속하는 일이지만, 때로는 이 우정 때문에 실망할 것이고, 여러분이 사랑하는 사람들에게 기만당할 수 있기 때문이다.

성공적인 삶을 영위하려면 덕을 계발해야 한다. 그건 바로 훌륭한 인성이다. '덕'은 양극단 사이에서 항상 중간에 해당한다. 비굴하지 않으며 동시에 자만하여 선을 훌쩍 넘어가지도 않을 때 용감한 사람이다. 무엇이 중용인지는 그 시점에 처해있는 개인적 여건과 상황에 달려있기 때문에 항상 다르다. 그다지 힘이 세지 않은 사람이, 사자에게 공격 받은 누군가를 구해주려 한다면 자만이지만, 엄청나게 힘센 사람이라면 자만이 아닐 수도 있다. 선한 사람이 되고 싶다면, 선행을 해야 한다. 무엇이 선인지 처음에는 아직 정확히 알지 못하지만, 행동을 함으로써 더 잘 발견하게 되며, 선한 행위는 행동 방식의 일부가 되고, 태도, 자동반사적 행위, 습관이 된다. 연습에 연습을 거듭하면 되는 문제다.

부모는 아동이 선한 태도를 발달시키게끔 도와줄 수 있다. 아이에게 올바른 습관을 길러주고 특히 잘못된 습관이 들지 않는 것이 중요한데, 한 번 배우면 고쳐지기 어렵기 때문이다. 아이가 '선'에는 기분이 좋아지고, '잘못된 것'에는 기분이 나빠지는 단계에 이르도록 노력해야 한다. 좋은 행동에는 보상을 해주고, 나쁜 행동에는 처벌하는 방법을 사용한다.

처음에야 맛난 간식, 칭찬, 아니면 물론 한 대 때리기 같은 외적 동기가 중요하지, 서서히 내적 태도로 전환된다. 아이는 그리하면 기분이 좋기 때문에, 좋은 일에 선행을 한다. 그리하여 본질적인 동기가 생겨난다. 그렇게 아이들은 훌륭한 인격을 형성하고 삶의 태도를 양성하며, 그럼으로써 좋을 때나 어려울 때 대처할 수 있는 올바른 방법을 알게 된다.

아이들은 바람직한 시민이 됨으로써 장래에 행복한 삶을 살아갈 수 있게끔 만들어진다. 그러므로 행복과 시민의식은 함께 간다!

아리스토텔레스는 엠마의 숙제 딜레마를 어떻게 해결할까? 그는 엠마가 숙제를 하면 보상을 해주리라. 그러면 엠마는 비록 보상 때문에 숙제를 하겠지만, 그러면서 좋은 기분을 알게 되고, 그로 인해 보상이 없이도 오랫동안 좋은 기분으로 숙제를 할 것이다. 그런 방식으로 자녀에게 유용한 온갖것들을 가르칠 수 있다.

그런데 아리스토텔레스에 따르면, 양육은 유용함만을 중심으로 돌아가지는 않는다. 아이들을 자유인으로 양육하는 것이 무엇보다 중요하다. 아이들은 특히 노예가 되어서는 안 된다. 그사이 노예 제도가 폐지되었다고 해서, 자유인으로 키운다는 아리스토텔레스의 양육 사상 또한 폐지되어야 한다는 말은 아니다. 노예는 어쩌면 우리 아이들의 장래만큼 중요할 지도 모른다. 생산성이 증대됨으로써 아이들은 이제 식량을 충분히 생산하기 위해 온종일 일하지 않아도 된다. 다른 노예들이 입장했으니, 바로 로보트와 기계다.

아이들이 여가를 선한 방식으로 보내도록 어떻게 가르칠 수 있는가? 아리스토텔레스는 행복을 가져다주는 선한 것들의 가치를 알고 판단하는 법을 가르쳐주는 것이라고 주장하면서 음악 교육을 예로 든다. 음악은 유용함이 없는 듯 보이지만, 그래도 지적인 긴장을 느긋하게 풀어준다는 이유만으로도 소중하다. 하지만 음악을 즐길 수 있으려면, 그 가치를 평가하는 법을 배워야 한다. 그러려면 악기 연주를 배워야 한다는 게 아리스토텔레스의 생각이다. 직업적 음악인이 되려는 목적이 절대 아니다. 그러면 여가를 보내는 법을 배우기가 중심이 아니라 일에 관한 것이 될 터이기 때문이다.

아리스토텔레스는 이렇게 말한다.

"우리가 신을 표현할 때, 시인들로 하여금 제우스가 직접 노래하거나 악기를 연주하게 하지 않는다. 이런 활동을 하는 사람들을 우리는 직공이라고 부른다. 농담하거나 술에 취한 것이 아니라면 그 연주가 인간이 하기에 적절한 것으로 보지 않는다."

" 프랑크 "

선한 행위를 하면 즐겁고 선하지 않은 행동을 하면 기분이 나빠진다는 아리스토텔레스의 양육 기법은 애견 훈련에서 찾아볼 수 있다. 강아지를 길들이는 데는 클리커clicker가 자주 사용되는데, 클리커는 누르면 딸깍 소리를 내는 조그만 물건이다. 클리커를 누르고 바로 개에게 간식을 주어서, 개가 딸깍하는 소리를 '잘한다!' 또는 '맛있다' 또는 '좋다'로 받아들이게끔 한다. 일단 그렇게 작동하기 시작하면, 개가 당신의 마음에 드는 행동을 할 때마다 클리커를 누른다. 예를 들어 '앉아'하고 명령한 다음, 개가 앉으면 클리커를 누르고 간식을 준다. 개가 다시 명령을 따르기 시작하면, 클리커 누르기를 서서히 줄여나간다. 그러다보면 '앉아' 명령을 할 때 클리커 누르는 경우는 아주 가끔으로 줄어든다. 그런식으로 개를 점점 더 많이 가르치고 잘 훈련시킬 수 있다.

그 클리커를 육아에도 쓸 수 있을까? 아동용 클리커? 아니면, 우리는 언어가 있으니 그런 장치는 필요하지 않은 것일까? 우리한테 이와 비슷한 수법이 있기는 하다. 빈칸 채우기 같은 것 말이다. 아이가 제 시간에 자러 갈 때마다 칸 하나를 색칠하게 해준다. 칸이 모두 색으로 채워지면, 선물을 준다. 혹은 배변훈련법도 있다. 아이가 화장실에서 소변을 볼 때마다 스티커를 주는 것이다.

4

디지털 세계 :
건강한 습관

플라톤은 특정 형식의 음악은 아이에게서 잘못된 정서를 끌어낸다
는 이유로 교육에 적합하지 않다고 주장했다. 잘못된 감정을 불러일으
킬 수 있는 이야기들도 마찬가지다. 따라서 음악도, 이야기 읽는 것도 아
이에게 늘 좋은 것만은 아니라는 게 그의 생각이다.

이런 가정이 우리에게 낯설지는 않다. 우리는 아이들이 열 두 살이 지
나야 볼 수 있거나 (지나친) 섹스 장면과 지나친 폭력이 등장하는 까닭
에 성인용으로만 적합한 영화들을 알고 있다. 플라톤은 섹스와 폭력은
그다지 두려워하지 않았다. 그에게는 아이들이, 비극 속 남자들처럼 우
는 모습을 배워서는 안 된다는 점이 더 중요했다. 젊은이는 용감해지는
법을 배워야 하며, 눈물은 거기에 적합하지 않다.

플라톤은 특정 이야기와 음악적 화성이 어린 아이들에게 위험하게

작동할까 봐 우려했지만, 오늘날 우리는 무엇보다 모든 유혹이 있는 디지털 세상을 두려워한다.

그런데 디지털 세계가 아이들에게 그렇게 나쁜 것일까? 이 질문에서 '디지털 세계'나 '모니터 문화' 같은 용어는 분명한 뭔가를 가리킨다는 뉘앙스를 풍기지만, 사실 모니터나 컴퓨터와 관련된 온갖 분야를 포함하는 용어다. 예를 들면 게임(교육적이지만 폭력적이거나 성차별적이기도 한), 영화, 드라마, 유투브, 채팅방, 그리고 기타 여러가지 애플리케이션 또는 SNS가 수두룩하다. 부모들은 아이들이 모니터 앞에 앉아서 하는 어떤 것들은 중요할지도 모른다고 생각하면서도, 다른 어떤 것들은 아주 싫어한다.

어쨌거나 많은 디지털 기기의 공통점은, 사용자의 마음을 유혹하게 만들어졌다는 점이다. 세계 제일의 똑똑한 사람들이 구글, 애플, 페이스북, 닌텐도사에서 힘을 한데 모아, 사용자가 점점 더 시간을 많이 쓰게끔 유혹하는 상품을 만들었다. 그에는 사회적 요소가 아마도 가장 유혹적이고, 또한 가장 중독적일 것이다. 거의 모든 사람이 집단에 속하고 싶은 마음이 간절하다. 그러니 주머니에서 기기가 진동하면, 친구들이 SNS에 뭔가를 올렸다는 말이기에 되도록 얼른 그게 뭔지 알고 싶다. 스마트폰은 아이들뿐만 아니라 많은 사람에게 신성한 기기로, 항상 손 닿는 곳에 있어야한다. 또한 스마트폰은 자신만의 개인화된 세계를 대표한다. 부모나 교사가, 줄곧 아이들의 관심을 요구하는 세련된 기기와 겨루기란 어렵다. 그런데 그와 같은 기기 제조자들은 자신들의 발명품이 얼마나 위험한지 속속들이 알고 있다. 심리학자 애덤 알터Adam Alter는 저서 ≪저항 불가Irresistable≫에서 스티브 잡스가 자신의 아이들에게 아이패드 사용을 금지시켰으며, 그렇게 한 사람이 스티브 잡스만은 아니라고 말한다. 기술 관련 잡지 〈와이어드Wired〉의 편집장 크리스 앤더슨의 자녀들도 제 방에서 전자기기를 쓰지 못한다. 앤더스는 기자에게 이렇게 말했다. "우리는 테크놀로지의 위험이 무엇인지 직접적으로 알지요."

앤더스는 문제를 파악하고 있다. 스마트폰, 게임, SNS, 그리고 그 안의 자기 표현, 내보이기, 에고가 중심인 오늘날에는, 듣기, 고요히 있기, 내면을 향하기, 공감, 성찰, 집중과 같은 중요한 가치가 공격받기 때문이다. 게다가, 루소라면 가장 반대가 심했을 텐데, 그 전자기기 화면은 밖에서 뛰어놀던 아이들을 종종 실내로 들여보내고는 한다. 바깥에서는 화면에 뜬 내용이 잘 보이지 않고, 화면을 보자니 자신의 동굴에 머무르게 된다.

루소는 에밀이 열 두살이 될 때까지 단연코 컴퓨터를 접하지 못하게 할 테지만 지금은 거의 불가능한 일이다. 컴퓨터를 금지하면, 아이는 학교나 친구네에서라도 컴퓨터 앞에 가서 앉는다. 더 나아가 그렇게 금지하는 것이 과연 현명한지도 의문이다. 미디어 학자들은 전자기기 세대가 체험하는 장점들을 지목하는데, 예를 들면 아이는 어려서부터 소통을 좋아하게 되며 훗날 직업을 갖기에 도움이 될 지식과 기술을 습득하는 것과 같은 이점이 있다. 그리고 아이가 아이패드를 보며 잠시 조용히 앉아있다면 때로는 그것도 나쁘지 않다.

결론은, 전자기기에 관해서 부모는 무엇은 허용해주고 무엇은 금지할지 잘 보아야 한다는 것이다. 어떤 게임은 너무 폭력적이고 어떤 소셜 미디어는 시간을 너무 많이 잡아먹는다. 플라톤이 버려야 할 위험한 음악의 종류를 분류했던 것처럼, 당신은 그것들은 금지해야 한다. 당신이 혹시 '들어주는 쪽'의 양육을 선택했다면, 금지하는 이유를 함께 설명해 주어라. 그래도 여전히 온갖 게임과 웹사이트들의 허용에 관한 문제가 남아있지만, 너무 자주는 좋지 않다. 그런데 전자기기 사용을 어떻게 제한할 것인가?

명료한 규칙으로 시스템을 만들고 그에 맞는 보상을 해주면 해결 가능하다. 우리가 다름 아닌 작가이다보니 그런 문제는 안다. 우리 일에 가장 중요한 기기인 랩탑은 몇 시간이고 집중해서 글을 쓸 수 있는 타자기일뿐만 아니라, 우리가 제대로 일을 못하게 만드는 오락의 근원이기도 하다. 우리에게 일을 지시하는 상사가 없기 때문에, 페이스북을 하거나 이메일을 확인하기 전, 매일 아침 먼저 세 시간 동안 500자를 쓰겠다고 우리 자신과 약속하지 않으면, 우리 손에서 책이 나올 일은 절대 없을 것이다.

이런 문제에 우리는 바로 그 기술의 도움을 받을 수 있다. '프리덤 Freedom'이라는 앱을 쓰면 일정 시간 동안 인터넷을 끔으로써 방해받지 않고 일할 수 있다. 아이들이 숙제를 할 때도 아주 편리하다. 숙제하기를 도와주는 갖가지 앱들이 나와있는데, 예를 들면 포모도로Pomodoro 타이머 앱이 있다. '포모도로'는 사실 스톱워치에 불과한데, 25분 동안 공부를 하고 나면 잠시 다른 재미있는 일을 하라고 알려주기에, 쉰 다음 다시 상쾌하게 공부를 계속할 수 있게 해준다.

이러한 요령과 기법들을 사용하면, 유혹의 맛을 느끼면서도 그 유혹에 생활을 지배 당하지는 않는, 자신의 리듬을 개발할 수 있다. 그리고 바로 그 점에 아리스토텔레스의 양육 조언이 기초하는데, 올바른 습관을 배우는 문제다. 그런데 잘못 배운 습관은 떼기가 무척 어려우므로, 당장 시작해야 한다. 아이가 온종일 플레이스테이션을 한다면, 어느 시점에는 기기가 없으면 어쩔 줄을 모르게 된다.

아이들에게 전자 기기가 필요하지 않은 경험을 제공해주면 필시 도움이 될 것이다. 아이에게 컴퓨터가 없어도 할 수 있는 취미를 갖도록 해주어라. 그러자면 부모가 귀감이 되어야 한다고, 아리스토텔레스는 조언하리라. 당신 자신이 온종일 전자 기기 화면을 보고 앉아있다면 - 글을 쓰거나, 전자책을 읽거나, 세금 신고 같은 '의미있는' 일을 하고 있는 중이라 해도 - 아이는 따라 배운다.

내 아들들은 둘 다 음악을 하는데, 어려서부터 해오던 일이다. 큰 아이는 세 살부터 드럼을 쳤고, 막내 아이는 일곱 살부터 기타를 쳤다. 내가 압박한 적은 한번도 없다. 아이들 스스로 하고 싶어한 일이다. 하지만 내가 본보기가 되었다는 생각이 든다. 나는 집에서 음악을 많이 틀어놓는 편이고, 콘트라베이스나 기타 연습을 하고 있을 때가 많았으며, 내가 속한 밴드와 함께 거실에서 리허설을 하고는 했다. 짬이 나면 아이들을 공연장에 데리고 갔다.

아이들이 나를 본보기로 따른다는 사실이 아주 분명해진 적이 있었다. 큰 아들이 아직 칸막이 침대에 서 있었으니까, 두 살이 조금 넘었을 때였다. 나는 그 전날 아이를 공연장에 데리고 갔고, 거기서 내가 기타를 연주하는 동안에 아이는 몇 시간 동안 그 유모차 같은 것에 앉아 구경했다. 그러자 아이는 이제 칸막이 침대 안에 서서, 기타 모양의 조그만 열쇠고리를 손에 들고 진짜인 것처럼 연주했다.

나중에 아이는 트럼펫에 환장했다. 제 장난감 트럼펫으로 '암스테르담 클레즈머 밴드'의 CD를 따라 몇 시간이고 연주하기도 했다. 세 살 무렵에는 드럼을 선택했다. 음악하는 친구에게 좀 낡은 북과 심벌을 얻어서 우리는 아이용으로 간단한 드럼 세트를 맞춰줄 수 있었다. 그걸로 아이는 좋아하는 곡을 쉴새없이 따라 연주하면서 드럼을 스스로 배웠다. 재즈, 클레즈머, 샹송 몇 곡, 바씨와 아드리안 쇼의 배경음악으로 구성된 놀라운 잡탕이었다. 아이가 드디어 드럼 레슨을 받을 만한 나이

가 되었을 때, 그의 드럼 선생은 아이가 벌써 얼마나 연주를 잘하는지
에 아연실색했다.

뉴스에 어떻게 대처하는가?

IS가 감행하는 참수에 대해 아이들이 알게 해주어야 하는가? 바다에 익사하는 난민들은? 도살장으로 수송되는 동안 짓눌려서 트럭에서 반쯤 죽어서 나오고, 그런 다음에 빨리 걷지 않는다며 머리를 얻어맞는 돼지들은? 양육 논쟁에서 이런 문제는 좀처럼 다뤄지지 않는 반면, 픽션의 위험성에 관해서는 논란이 분분하다. 너무 폭력적이거나 선정적이어서, 어린이의 여린 영혼에는 적합하지 않은 영화와 컴퓨터 게임들이 있다. 플라톤과 아리스토텔레스는 시와 소설 등의 이야기가 어린이에게 부정적 영향을 줄 수 있다고 지적한 바 있다.

네덜란드의 철학자 다안 로버르스Daan Roovers는 저서 ≪사람 만들기. 육아의 새로운 빛Mensen Maken. Nieuw licht op opvoeden≫(2017)에서 뉴스의 위험성에 촛점을 맞춘다. 그녀는 우리가 픽션의 영향을 특히 걱정하면서 뉴스의 영향은 그만큼 걱정하지 않는다는 사실에 놀란다. 뉴스는 '진짜'이기에 언젠가는 영향을 더 크게 끼칠 수 있는 까닭이다. 그에 대해서는 우리 아이들을 보호하지 않아도 되는가? 보호해야 한다고 그녀는 말하면서도, 오늘날 그것은 거의 불가능한 일임은 알고 있다. 그냥 아이들을 인터넷과 텔레비전에서 멀리 떨어뜨려라. 그래서 무엇보다도 뉴스를 어떤 눈으로 보는지가 중요하다는 게 그녀의 생각이다. 부모는 식탁에서 아이들과 뉴스를 놓고 이야기한다거나 하는 방법으로 아이들을 옆에서 이끌어주어야 한다. 그러려면 부모 자신이 뉴스를 꿰고 있어야 하므로, 부모는 세상 속으로 깊이 들어가야할 의무가 있다고 주장한다.

5

행복한 아이

아동 행복지수 조사 결과에서 네덜란드 아이들은 가장 행복한 아이들의 위치를 확고하게 차지하고 있다. 앞에서 언급한 적 있는 외국 출신 거주자, 리나 메이 아코스타와 미셸 허치슨은 그들의 저서 ≪네덜란드 소확행 육아≫(2017)에서 그 결과에 집중했다. 자신들이 찾아낸 사실에 기초하여 그 연구 결과를 지지하고 더 많은 연구로 보충한다. 두 사람 다 네덜란드 남자와 결혼하여 두 아이를 두고 있다. 그들은 자신들의 출신 국가(영국와 미국)는 덜 행복한 어린이를 키워낸다고 밝힌다. 그런데 어린이 뿐만 아니라, 아기도 마찬가지다. 네덜란드 아기들은 더 잘 웃고, 미소 짓고, 안긴다. 저자들은 네덜란드 아이들이 행복한 이유들을 추려서 나열한다. 그중에서도 네덜란드의 독특한 시간제 근무 문화를 높이 평가하는데, 이를 통해 부모들은 자녀와 시간을 더 많이 보낸다. 그런데 주로 엄마가 시간제 근무자라는 점은 본체만체한다. 또한 네덜란드 문화는 경쟁이 아니라 놀이와 자유가 지배한다는 점을 높이 평가한다. 네덜란드말은 출세지향주의 대신에 평등을 장려한다. '나는 최선을 다했어'(뭔가 잘 안 되거나 전혀 최선을 다하지 않았을 때), '평소처럼 해. 그만하면 충분히 미친거야.' 라는 표현을 생각해보라. 그리고 '상대적으로 가치판단하다relativeren'라는 단어를 얼마나 자주 쓰는지도. 규칙이 있지만, 자유도 있다. 체계적으로 구성되어 있지만, 융통성도 있다. 네덜란드 아이들을 행복하게 해주는 다른 중요한 요인은 육아에서 경쟁이 큰 의미를 갖지 않는다는 점과, 친절을 장려하는 점이라고 저자들은 말한다. 네덜란드 부모들은 아이가 항상 착실하게 숙제하는 것보다는 학교에서 친구와 사귀는 것을 더 중요하다고 여긴다.

물론 저자들은 비판도 받았다. 네덜란드 청소년들이 골칫거리가 아니라고? 그리고 뭐? 훌륭한 어린이들이라고? 허치슨과 아코스타는 '천진난만함'이라고 부르지만, 과연 네덜란드 문화 어디에서나 찾아볼 수 있는 특성으로, 성인에게도 있다. TV 토크쇼에서 다 큰 아이처럼 누군가의 말에 끼어들어 방해하는 출연자들을 생각해보라- 딴 사람들은 무례함과 예의없음이라고 부른다. 네덜란드의 한 일간지에 실린 서평 기사에서 허치슨과 아코스타는 특히 벨기에 양육자들에게 공격을 받았는데, 벨기에 아이들은 공손하게 어른의 말을 듣는다. 흥미롭다. 하지만 그 기사에는 중요한 질문을 다루지 않는다. '행복한 아이가 실제 어느 정도로 양육의 목적인가?'

사실, '행복'을 점점 중요하게 여기며 해마다 어린이의 행복까지 측정한다는 점은 말해주는 바가 많다. 의심할 여지 없이 행복은 바람직한 것이고, 부모에게 보내는 찬사이자 목표 그 자체다. 잘했어요! 행복한 아이로 키워내는 데 성공했어요! 물론 행복의 측정가능성에 관해서 철학적인 문제를 조심스레 제기할 수는 있겠으나, 이제 사실상 그것은 하나의 국제 경연이 되어, 행복은 축구의 1부 리그처럼 가장 잘 사는 나라들의 경쟁이며, 일등도 꼴찌도 될 수 있다.

이런 방식의 국가별 비교는 양육 논쟁이 국민적으로 벌어지는 데 잘 맞아떨어지고, 그 논쟁에서 다루는 위기를 바로 보여준다. 양육자의 심각한 자기 회의(내가 잘 하는 건가?)는 이상적인 사례 국가(저렇게 해야 해!)와 마케팅 포인트를 찾아나서는 결과로 이어진다.

하지만 행복에 맞추어진 그 초점은, 아이를 어떻게 민주적 시민으로 양육하느냐의 문제는 비껴간다. 물론 이 두 가지가 서로 배타적일 필요는 없다. 행복한 아이가, 허치슨과 아코스타가 주장한 것처럼 '친절한' 아이이기도 하다면, 그 아이는 공감과 타인을 돕기 같은 몇몇 '민주적' 가치도 동시에 실행할 수 있을 것이다. '시민의식'을 어떻게 해석하느냐에 따라 달라지기도 한다. 혹시 핵심적인 가치가 되는 다른 것으로 옮겨갈 수 있다면, 아이들에게 마음챙김 같은 수련을 통해 공감 훈련을 실시하면 해결책이 될 수 있으리라. 그밖에도 학교에서 철학 수업을 실시하면 좋을 것이다. 예술과 문학 교육도 훌륭한 역할을 해줄 수 있다. 마사 누스바움Martha Nussbaum은 《학교는 시장이 아니다Not For Profit》(2011)에서 스스로 혁신하고 생각하는 활기찬 사회를 만드는 데 인문학이 얼마나 절실하게 필요한지 설득력있게 보여준다. 그녀에 따르면, 교육은 세계를 이해하고 해석하는 법을 배우는 데에 주안점을 두는 대신에, 유용하고 경쟁적이며 경제적 이익을 주는 것에 주안점을 두기 때문에 전세계적으로 위기에 처해있다. 그리고 그것은 민주주의 기능에 위험하다. 왜냐하면 민주주의는 시민이 스스로 사고하며 발언하고 공감하면서 자신을 성찰할 수 있을 때에만 돌아가기 때문이다.

행복과 시민의식이 경제와 어떤 관계에 있는지는 깊이 살펴볼 만한 흥미로운 주제다. 유투브에 '소년과 바나나Boy with Banana'라는 제목의 인기 동영상이 있다. 다섯 살쯤 된 남자 아이가 가족에게서 생일선물을 받는다. 선물은 예쁘게 포장되어 있고, 꼬마는 포장지를 뜯느라 사나워지기 시작한다. 놀랍게도 선물로 드러난 것은… 바나나 한 개다! 꼬마는 몹시 기뻐하며 외친다. '바나나! 바나나야!' 누구라도 그 장면에 낄낄 웃을 수 밖에 없다. 바나나 하나에 어쩜 저리도 기뻐할 수 있을까? 비싼 컴퓨터 게임도, 옷도, 장난감도 아니고, 그저 바나나 한 개.

이 꼬마는 '올바른' 가치를 배우고 있다. '주다'라는 의도가 중요하다는 것, 무엇에서나 뭔가 얻을 게 있다는 것, 얼마나 비싼 선물인지는 문제가 아니라는 것. 꼬마의 반응은 광고와 공급으로 가득한 사회에서 자라나는 요즘 아이치고는 흔치 않다. 그 동영상은 물질주의가 얼마나 당연하며, 아이가 '~이다'와 '주다' 대신에 '소유하다'와 '얻다'라는 말과 함께 자라는 것이 얼마나 일반적인지 보여준다.

66 스티네 99

나는 내 아이가 즐거운 일들을 많이 하고 행복한 모습을 보고 싶다. 함께 파이를 굽고, 영화관, 이케아, 돌고래 수족관에 가며, 2인승 자전거를 타고 자연 속을 누빈다. 딸 아이는 광고에서도 영감을 받는다. 그래서 우리는 '팜캠프Farmcamps'라는 농장 체험 펜션에 가본 적이 있고, 아이는 여행사가 보여주는 항상 날씨가 좋은 나라들에 가보고 싶어했다.

하루는 아이가 학교에서 돌아와 신상 친환경 물병을 다급하게 갖고 싶어했다. '안 돼, 너는 이미 예쁜 물병이 있잖니!'하고 나는 말했다. '엄마, 나 빼고 학교에서 아이들 전부 그 물병을 갖고 있단 말이에요.'라는 아이의 대답에 나는 깜짝 놀랐다. 그 말로 아이는 나의 스칸디나비아적 양육 방식의 단추를 누른 셈이었다. 분위기를 망치지 않는다, 위반하면 배척된다는 조건에서 자신을 공동체에 맞춘다, 당신의 아이는 어린 성인으로서 자신에게 무엇이 좋은지 잘 알고 있다고 간주한다.

딸 아이는 도퍼 물병을 갖게 되었고, 나도 하나 갖고 있다. 왜냐하면 그것은 재미있는 물건인 데다, 그걸 사면 좋은 일에 기부하는 셈이기 때문이다. 그렇게 나는 사회적 기여를 실현하여 딸아이에게 열렬하게 전해주고, 그럼으로써 나는 물렁한 부모 양심을 합리화 시켰다. 솔직히 말하자면, 나는 아이를 사회구성원으로 준비시키기보다는 행복한 아이로 키우려고 노력할 때가 많으며, '아이의 지혜를 따르라!'는 루소의 철학을 바탕에 깔고 있다.

하지만 번번이 상업주의는, 아이의 자유로운 본성이 문화의 영향을 받아 '타락한다'는 사실을 확실히 보여준다. 그런 의미에서 나는 사회가 당신에게 억지로 파는 이야기가 다 좋은 것은 아니라던, 플라톤의 말에 더 귀 기울일 수 있으리라. 하지만 도퍼 물병은 딸 아이를 무척 기쁘게 했기에, 나는 유익한 구매로 여길 수 있었다. 아이는 뚜껑 잔을 돌려서 물병을 열고 닫는 게 너무 재미있어서, 사람들에게 줄곧 물병으로 물을 접대했다. 그러니 아이는 사회적으로 유익한 가치, 바로 복무 정신도 연습하는 셈이다.

이는 부모에게는 복잡한 퍼즐이 되기도 한다. 아이가 자신을 행복하게 만든다고 주장하는 그것을 나는 아이에게 주는가? '행복한' 아이의 삶에서 선물과 물건의 역할은 무엇이며, 거기서 양육자의 임무는 무엇인가? 조촐한 파티가 끝나면 참석한 아이들에게 저렴한 작은 선물을 하나씩 쥐어주는가? 쓸모없는 잡동사니를 열두 겹으로 싼 포장지를 뜯느라 금방 진이 빠지는 선물을? 아니면, 플라스틱 나부랑이를 사는 것이 좋지 않게 여겨져서 다른 대책을 세우고, 물건들을 아껴서 쓰는가? 간단히 말해서 우리는 상업적인 통제를 벗어날 수 없다. 부모들에게 계속 물건을 새로 사도록 부추기는 그 마케팅 전략에? 시장 경제는 양육에 어떤 영향을 미치며, 행복과 시민의식에는 어떤 간접적으로 영향을 미치는가? 그리고 이 문제는 누구의 책임인가? 부모, 학교, 기업, 아니면 정부?

상업적인 시장 경제 사고는 양육에 폭넓게 스며들어 있다. 뉴욕 타임즈의 칼럼니스트 페기 오렌스타인Peggy Orenstein은 저서 ≪신데렐라가 내 딸을 잡아먹었다Cinderella Ate My Daughter≫(2011)에서 수백 억대 규모의 완구 산업에 대해 충격적인 통찰력을 보여준다. 그녀는 완구 산업이 결코 장난감만 파는 것이 아니라, 말하자면 진짜 소년과 진짜 소녀란 무엇인가와 같은, 사회적 성역할에 대한 개념도 판다는 사실을 밝힌다. 0세에서 6세 사이의 여아를 대상으로 한 10만 개 품목 중에 7만5천 개가 분홍색이다. 디즈니사는 26,000개의 디즈니 공주 물품을 시장에 내놓았다. 쪼그만 침대부터 인형, 가스레인지와 그릇까지. 0세~6세 여아용 '디즈니 공주'의 연간 매출액은 2009년에는 40억 달러에 육박했다. '40억 달러'. 레고 제조사는 여자아이들이 '미용실'이나 '카페'를 지을 수 있는 분홍색과 파스텔 색상의 레고 블록을 판매하면서 그 캠페인 이름을 너무 엉뚱하게도 '자유롭게 살자Free to be'라고 부른다.

오렌스타인은 특히 어머니들은 딸과 함께 쇼핑하면 서로 가까워지고 즐거워진다는 생각을 광고를 통해 얻는다고 지적한다. 쇼핑은 '모녀지간 친밀감의 행로'가 된다. 그런 식으로 상업주의는 '친밀감'과 '접촉'의 심장부에 들어서고, 끝내는 가족 유대 관계를 손상시킨다. '즐겁게 함께 쇼핑하기'는 상업주의에 딱 맞는 일이지만, 자녀를 시민으로 형성하는 데는 영향력이 미미하다. 기업은 이익을 보고, 사회는 결국에는 망가진다.

미국의 철학자 마이클 샌델에 따르면, 시장 논리는 우리 아이들을 민주적으로 형성하는 데 큰 걸림돌이다. 그는 저서 ≪돈으로 살 수 없는 것들≫ (2012)에서 이런 질문을 제기한다. 아이가 책을 읽는 데 돈을 지급할 생각이 있는가? 물론 아니라고 누구나 분개하며 답할 것이다. 그래도 그런 일은 벌어지고 있다. 미국의 학교들은 학교 성적이 좋거나 시험 점수가 높은 학생에게 상금을 지급함으로써 학력을 향상시키려고 애쓴다. 샌델은 또한 학창 시절에 점수를 잘 받으면 부모에게서 돈을 받고는 했던 몇몇 급우들의 모습도 언급한다. 돈과 학업성취도는 상호 연관성이 별로 없으나, 학교 시스템에서 시장 논리는 어디서나 볼 수 있다고 그는 주장한다. 재정적인 유인책은 학업성취도가 뒤처지는 경우에 교육 개선의 열쇠로 간주된다. 미국에서는 돈과 학업성취 간의 관계를 밝히고자 다양한 실험이 실시되었다. (심지어 실험 한 가지에서는 지도 학생의 학업 성취가 높으면 교사가 인센티브를 받기까지 했다.)

보상 시스템은 양육의 모든 층위에 깊이 자리잡고 있다. 네덜란드에서도 아이들은 시험 점수가 좋으면 할아버지와 할머니에게서 종종 돈을 받고는 한다. 동시에 우리는 책을 읽는 것이 본질적으로 좋은 일이어야 한다고 생각한다. 보상과 처벌에 강력하게 반대하는 양육법도 있는데, 루소의 양육법뿐만 아니라 마샬 로젠버그(비폭력 대화)같은 현대 사상가들의 양육법 또한 그러하다. 아이들에게 점수나 평가를 주어서는 안 된다. 아이가 무엇을 할 수 있는지에 대해서가 아니라, 자신이 누구인지에 대해 가치를 인정받아야 한다. 보상은 잘못된 동기부여다. 요즘 세상에는 사실, 영화 〈캡틴 판타스틱〉에 나오는 아버지처럼 사회를 완전히 멀리해야 할 테다.

우리에게 남은 선택지는 각성이다. 아이가 어려서부터 시장 논리와 그 의미를 인식하게끔 만들 수 있다. 이를 테면 돈의 가치와 의미를 놓고 아이들과 대화할 수 있다. 다섯 살 아이에게 돈으로 행복해질 수 있느냐고 묻는다면, 아이는 처음에는 이렇게 말할 것이다. '그럼요, 물건을 살 수 있잖아요! 그리고 가난한 건 전혀 좋지 않아요!' 하지만 계속 질문해보아라. '돈으로 살 수 없는 건 뭘까?' 그러면 아이는 이내 건강, 우정, 행복을 들먹일 것이다.

공감 같은 가치도 연습할 수 있다. 누스바움이 그녀의 책에서 주장한 것처럼, 문학 작품을 읽으면 공감 능력을 키울 수 있다. 책 속에서 자신과는 영 딴판인 인물들에게 공감하고, 그런 식으로 실제 삶에서 만나는 사람들의 뒤에 깔려있는 이야기를 발견하는 법을 배우게 된다. 타인을 돕도록 배우는 것도 하나의 방법이다. 어떤 학교들은 사회적 실습 제도를 도입했는데, 학생들이 양로원이나 환경단체 같은 곳에서 돈을 받지 않고 의무적으로 봉사하는 제도다. 아이들이 사회적 사안에 민감해지며, 세상은 자신들만의 작은 세상보다 크다는 것을 보여주는 것이 목적이다. 그리고 목적이 그렇다면, 그에 대해 아이에게 돈을 지급하거나 과다하게 보상해주어서는 안 된다. 그 점에서는 마이클 샌델이 옳다.

" 스티네 "

나는 딸아이가 일곱 살이 되었을 때 용돈을 주기 시작했다. 용돈은 1유로(약 1300원)였다. 내게는 괜찮은 금액으로 보였고, NIBUD(국립 가계 재정 협회)의 기준에도 맞았다. 이웃집 아이는 70유로센트를 받았는데, 동전으로 두 개였다. 20센트짜리 하나, 50센트짜리 하나. 딸아이는 정색을 하고, 자기도 70센트를 받고 싶다고 단호하게 요구했다. 나는 얼른 동의했고, 아이가 아직 돈의 크기를 제대로 알지 못한다는 것을 깨달았다. 넉 달 뒤에 아이는 다시 결정을 뒤집었다. 다시 1유로를 받고 싶다는 것이었다. 이제 이해했구나!

빅토리아는 과자 사먹기를 제외하고는 용돈을 제 마음대로 쓸 수 있다. 뭔가를 위해 저축하기로 우리는 약속하는 편이다. 나는 그 뭔가에 지나치게 간섭하지 않으려고 전력을 기울인다. 뭔가를 살 때 모자라는 금액은 내가 가끔 메꿔주기도 한다. 책이나 큐브일 때는 기쁘지만, 비싼 물건일 때 강아지 눈망울로 쳐다보면 좀 짠하다. 다른 아이들도 갖고 있다는 이유로 아이가 사는 물건은 항상 실패하는 구매행위가 되는데, 엄청 비싼 팁토이 펜(70유로, 딱 한 번 갖고 놀았다.)이 그런 경우다. 내 눈에는 유익해 보였던 터라, 나는 부족한 금액(40유로)을 채워주었다.

나는 아이가 제힘으로 꽤 오랫동안 돈을 모았다고 생각했다. 15주 용돈에, 성적표를 받고 할아버지, 할머니에게서 받은 돈을 보태었다. 하지만 아이에게 뭔가를 갖고 놀라고 강요하지는 못하는 법이다. 70유로가 들었다 해도 말이다. 나중에 알고 보니, 아이의 펜은 학교 친구들이 갖고 있는 것과 정확히 똑같은 것이 아니었고, 그래서 아이는 김이 빠졌다. 아이는 다시 새로 비싼 팁토이 펜을 갖고 싶어했다. 그건 내가 거부했다.

6

교육받지 않은
바람직한 시민

요즘 많은 양육자가 아이 키우기가 즐겁기만 했으면 좋겠다고 바라지만, 그래서 오히려 즐겁지 않을 때가 많다. 루소의 양육관에 영향을 많이 받아서 그런지도 모른다. 이런 양육자들은, 양육은 즐겁지 않으며 양육 받는 것 또한 그렇다는 플라톤의 견해에 안도감을 느낄 때도 있을 테다. '즐겁다'와 '행복하다'는 말에 매달리지 말아라! 그럼에도 행복이 아니라 바람직한 시민 양성에 주안점을 두는 플라톤의 지향은 좀 거칠게 느껴진다.

어쩌면 우리는 플라톤과 루소를 번갈아서 적용해야 할 지도 모르겠다. 자녀가 사회에 나가 활동하게 될 때를 대비해 자녀를 준비시켜야 하면서도 더러는 아이가 즐기도록 내버려 두어라. 이를 테면 아이가 스스로 흥미를 느껴 뭔가를 발견하게끔 하면서도, 때로는 그 흥미를 일깨우는 방식을 궁리해보라. 더구나 아리스토텔레스의 말처럼, 행복과 시민 의식이 항상 서로 충돌하는 것은 아니다. 나중에 공부를 잘 할 수 있도록 숙제하라고 훈육하는 것도 때로는 즐겁지 않지만, 사회에서 괜찮은 위치를 가지면 행복해질 가능성이 크다. 인간은 어쨌거나 사회적 존재로서, 타인의 삶에 자신의 삶을 조화시키며, 공동의 목표를 지니고 그 목표를 함께 실현함으로써 행복해질 수 있다.

그럼에도 주의해야 할 점은 있다. 아이를 낳는 순간, 당신은 종종 보수적이 되기 십상이다. 당신 자신이 때로 경제적으로 어려운건 그럴 수 있겠다고 생각하지만, 아이는 특히 충분히 돈을 벌어서 잘 살아갈 수 있기를 바란다. 그러면 바람직한 시민은 잽싸게 바람직한 소비자로 바뀐다. 미래의 사회에서 자신을 지탱하는 데 중요한 기술만 아이들에게 가르치면 그 사회가 이미 형성된 것처럼 행동하게 된다.

그런데 사실은 그렇지 않다. 다음 세대를 키워냄으로써 우리는 미래에 영향을 준다. 사회에서 어떤 일들에 옳지 않다는 생각이 든다면, 부모로서 그 사안을 변화시키려고 계속 노력하는 것은 중요하다. 기후 변화를 두려워하고, 비행기를 타고 싶어하지 않는다면, 아이의 급우들도 비행기를 타며 아이를 예외로 만들고 싶지 않다는 이유로 비행기를 태우지는 말아라. 영화 〈캡틴 판타스틱〉을 본보기로 삼아라. 그 분야는 우리는 아직 루소에게서 더 배워야 한다. 현재 사회가 반드시 기준이 되어서는 안 된다.

엠마의 어머니는 어떻게 엠마가 숙제를 하게끔 할 수 있을까? 일단 루소식으로 꾀를 한번 생각해내보자. 엠마와 어머니는 숙제의 주제와 관련된 영화를 보러갈 수 있다. 어떤 과목에는 통하지만, 어떤 과목에는 그렇지 않다. 효과가 없는 과목에는, 보상체계와 함께 숙제를 일목요연하게 보여주는 빈틈없는 계획표를 만들 수 있다. 아리스토텔레스의 생각이 맞아서 외적 동기가 끝내는 내적 동기가 되기를 바라면서 말이다.

만약 그 방법이 진짜로 듣지 않는다면, 이제는 플라톤식으로 그냥 숙제를 의무적으로 하게 해야할 것이다. 그런데 그사이 당신은 스스로 좋은 본보기가 되어야 한다. 그래도 안 될 경우, 아이가 행복해지고 바람직한 시민이 되리라는 희망은 아직 존재한다. 그것은 교육 받지 않아도 가능한 일이기 때문이다.

철학에서 얻은 TIPS

아리스토텔레스

- 자식은 몇 살에 가져야 할까? 자식과 아버지의 나이 차이는 너무 커서는 안 된다. 왜냐하면 "너무 나이 든 아버지는 자식이 은혜를 갚으려 할 때 받지 못하고, 자식은 아버지의 도움을 받지 못하기 때문이다"라고 아리스토텔레스는 《정치학》에서 썼다. 마찬가지로 부모 자식 간의 나이 차이가 너무 적어도 안 되는데, 역시나 곤란한 상황을 낳기 때문인데, 자식은 거의 동년배인 부모를 덜 두려워하게 된다. 대부분의 남자는 70세까지 생식능력이 있는 듯 보이고 여자는 50세까지이므로, 그들의 혼인 연령은 그 나이에 동시에 도달할 수 있도록 정해야 한다. 그래서 여자는 18살 즈음, 남자는 37세 즈음에 혼인하면 가장 이상적이다. 그러면 가장 생명력이 왕성한 시기에 짝을 이루게 되고 양쪽의 생식능력이 동시에 끝나게 된다.

- 아이들은 어려서부터 추위에 익숙해지도록 해야 한다. 건강에도 좋고 군인의 임무를 다하기에도 남달리 유익하기 때문이다. 그래서 몇몇 비그리스인 민족의 경우에 갓난아기를 차가운 강물에 담그거나, 켈트족처럼 옷을 거의 입히지 않는다. 아이들은 뜨거운 피로 구성되어 있기에 추위에 견디게끔 아주 잘 단련할 수 있다.

- 아기를 울게 내버려두어도 괜찮다. 발육에 좋기 때문이다. 아리스토텔레스는 이를 일종의 신체적 훈련으로 본다.

- 습관 형성에 관한 모든 것은 처음부터 더 잘 가르칠 수 있기 때문에 일찍부터 교육을 시작해야 하지만 점차적으로 해야 합니다. 부모는 아이가 일곱 살까지는 육체 노동을 배우게 강요해서는 안 된다. 그러면 어린 아이들의 발육에 방해가 된다. 약간의 신체 운동은 괜찮은데, '그렇지 않으면 게으르고 굼뜨기 때문이다'. 그래서 놀이가 이상적이다. 아이들은 놀이에서 즐거움을 얻음으로써, 부모가 강요할 필요없이 정신적, 육체적 노동을 할 준비를 갖춘다. 놀이는 성인기의 삶을 준비하는 일이다.

플라톤

- 아이가 컴퓨터나 텔레비전 앞에 그냥 앉아있게 두면 안 된다. 거기서 아이들에게 좋지 않은 것들을 볼 수 있다.
- 많은 부모가 지칠 줄 모르고 계속 그저 즐거워지려고 애쓴다. 그럴 필요가 전혀 없다. 홀가분하게 놓아라. 양육은 하는것도 받는것도 즐겁지 않다. 부모로서 그저 기본의무를 다하고, 더 많은 것을 하는 것은 불가능하다.

장자크 루소

- 대부분의 부모들에게 실천하기가 아무리 어렵다해도 루소는 이렇게 말할 것이다. 직장을 그만두고 아이 양육에 전념하라.

" 스티네 **"**

3년 전부터 나는 채식을 한다. 내가 채식주의자가 되었을 때, 딸 아이는 네 살이었고, 육식에 이미 익숙해져 있었다. 어떻게 할 것인가? 아이는 자동적으로 나를 따라 먹게 하고, 아이가 좋아하는 살라미 피자와 소세지는 지금부터 못 먹게 한다? 아이는 아버지 집에서 닭고기를 자주 먹기 때문에, 어쨌거나 이도 저도 아닌 얼치기가 될 테다. 나는 아이가 되도록 채식으로 나와 함께 먹게 하기로 마음 먹었지만, 파티와 피자집에서는 자유롭게 두기로 했다. 금세 불평이 들려왔다. 고기 완자가 든 토마토 수프가 훨씬 더 맛있었고, 아빠네에서는 그냥 닭고기를 먹었으니 말이다. 요리를 딸아이와 함께 해보라고 친구가 내게 조언해 주었다. 아이가 식사 준비에 참여한다면, 음식을 나보다 먼저 다 먹을 테다. 그 방법은 그런대로 통했다. 이제 이 계획을 계속 밀고 나갈 것인지가 고민이다. 요리에 대한 아이의 관심은 주로 디저트와 밀가루 반죽 그릇을 싹 핥아먹는 데 집중되어 있다.

채식주의에 관해서 내가 내린 결정은, 아이가 좀 더 크면 스스로 선택해도 되고, 지금은 육류를 먹어도 되긴 하지만, 집에서 내가 차려주지는 않는 것이다. 어쨌든 내가 정말로 채식의 사회적 중요성을 확신한다면, 딸아이에게 건강, 지속가능성, 동물의 고통에 관한 이 윤리를 전해주어도 무방하기 때문이다.

젠더 중립적이냐,
여자아이 · 남자아이로
키울 것이냐?

제 육아 딜레마는:

    학교의 여선생님들은 모두 훌륭하다고 아들 케이스에게 아무리 말해 주어도, 여선생님들은 박력있는 행동을 못하게 한다며 아이는 불평합니다. 아이가 너무 사내아이같이 굴면 지적을 받아요. 저는 어지간히 여성 해방을 지지하는 사람이지만, 학교에는 제발 남자 교사가 몇 명 있었으면 하고 바라게 되네요. 어떻게 해야 할까요?

여성화냐,
테스토스테론이냐?

우리가 좋게 생각하든 아니든 간에, 사회의 여성화feminization는 이미 한참 전부터 진행 중이다. 점점 더 많은 여성이 공부하며, 직업을 갖고, 높은 자리에 앉는다. 가장 많이 여성화한 직업군은 어린이집과 교육 분야 같은, 아이와 관련된 직업으로, 어쨌거나 이미 여성들이 많이 일해오던 분야다.

케이스의 어머니 말고도, 네덜란드의 행동전문가 라우크 볼트링Lauk Woltring도 여성화의 이면을 지적한다. ≪허세와 소심함 사이의 소년들 Jongens tussen branie en verlegenheid≫ 등의 책을 쓴 볼트링은 2017년 2월 18일자 〈알허메인 다흐블라트〉지와의 인터뷰에서 '요즘 초등학교도 잘못된 방향으로 가고 있다'고 언급한다. 남자아이들은 도전적이지 않다. 교사들말고도 수업 방법 또한 '여성화'되었다. 수학 문제는 추상화 대신에 언어화되었고, 교실에서는 위험요소를 없애는 행동에 중점을 두며, 체육시간에는 운동신경 발달이 중요하여 공을 세게 차기와 같은 '위험한' 상황은 만들지 않는다. 볼트링은 여성화뿐만 아니라 요즘 아이들이 자라는 환경의 변화도 그 원인으로 든다. 늘어나는 이혼 가정 숫자로 인해, 예를 들면 남자아이들은 아버지를 덜 보고 자라며 남성 역할 모델도 적어졌다. 도시화한 사회에서 남자아이들은 밖에서 노는 일이 줄었는데, 자동차때문에 위험하다는 이유다. 그러니 집안에서 끝없이 게임을 하거나 아이패드 화면을 쳐다보며 앉아있다. 사회에 끼치는 영향과 그 댓가는 적지않다. 이 남학생들은 곧잘 유급하며, 사회에 적대적이 될 수 있고, 또는 말썽을 피운다.

그리하여 2017년 7월에 남자아이 문제를 다룬 광고 캠페인이 나왔다.(볼트링이 이에 참여했다) 남자아이 몇 명이 떠들썩하게 옷이 더러워지도록 뛰노는 모습이 보이다가 문구가 등장한다. "당신의 사내 아이를 충분히 사내 아이로 자라게 하고 있습니까?" 영상은 커다란 파란을 불러일으켰다. 써니 베르흐만Sunny Bergman과 아샤 텐브루케Asha ten Broeke 같은 페미니스트들은 이 광고가 성차별적이라고 보았는데, 여자아이들도 떠들썩하게 놀 수 있어야 하며 남자아이들을 '남자 아이'라는 고정관념의 코르셋으로 죄어서는 안 된다는 이유였다. 더우기 남자아이들이 거칠게 놀지 못하면 발달이 늦어진다는 주장을 뒷받침할 만한 과학적 증거도 불충분할 터였다. 그 영상이 성에 차지 않은 이들도 있었다. 프로그램 제작자 막심 하르트만Maxim Hartman은 남자아이들이 너무 많이 억눌러지고 있다고 언급했다. 이는 위험천만한 일이 될 수 있는데, 그러면 테스토스테론이 다른 곳에서 나오고 바람직하지 않은 순간에 발산되는 까닭이다.

하지만, 공적 영역에서 여성의 증가는 또한 많은 분야가 개선되리라는 기대를 받으며, 이는 단지 여성 자신만을 위한 것은 아니다. 남자들끼리는 금세 오줌 멀리누기 시합 상태에 빠지는데, 이는 그 남자들에게도 항상 즐거운 일만은 아니다. 여성은 남성보다 덜 경쟁적이며 더 공감을 잘할 터여서, 여성이 주도권을 잡으면, 사회가 어쩌면 조금 더 좋아질지도 모른다. 만약 은행장들이 여성이었고 리먼 브라더스가 리먼 시스터즈였다면, 우리가 경제 위기를 겪지 않았으리라고 믿는 사람들도 있다. 그 경제 위기는 우두머리가 되려던 남자들이 타인의 돈으로 위험을 감수함으로써 발생했다. 최상층에 여자들이 더 많아지면 남자들은 좀 더 여성적으로 행동한다. 보다 공감하고 친절하며 세상을 배려하는 것이다. 여성적인 규범이 지배적이 될 때에야, 비로소 사회가 여성화되었다고 할 수 있을 테다.

다른 한편으로는, 여성이 보다 남성처럼 행동해야 한다는 말이 자주 들린다. 그동안 여성은 동등한 권리를 지니게 되었고 따라서 동등한 기회가 주어지지만, 그런데도 여전히 남성과 동등한 존재로 행동하지 않는다. 여성은 아무리 학교에서 남성보다 좋은 성적을 내더라도, 직장생활에서는 너 낮은 쪽이 되기를 선택한다. 일을 더 적게 하고 더 적은 월급에 만족하는 것이다. 여성이 덜 진지하게 받아들여지기 때문에 그렇다고 말할 수 있을 테다. 하지만 여성은 허세가 충분하지 않기 때문이라는 주장도 할 수 있을 테다. 여성은 할 수 있다는 확신이 강하게 들어야 무언가 -TV방송에 나와 주제 토론하기, 리더쉽 발휘하기 - 를 하고 싶어 한다는 것이다. 그래서 천천히 앞으로 나아간다.

이런 문제에서 양육자는 어떤 역할을 하는가? 어머니가 딸을 더 고무시켜야 하는가? 아니면 아버지가 양육에 더 많이 참여하거나 하게 해 달라고 요구해야 하는가? 남자아이와 여자아이는 실제로 서로 얼마나 다른가? 남자아이는 어려서부터 '자동차, 기차, 전투 같은 전형적인 남성적인 것'에, 여자아이는 '돌보기, 인형, 재잘거리기 같은 전형적인 여성적인 것'에 관심있는 듯 보일 때가 많다. 그럼에도 전통적으로 보다 다른 성과 결부된 것들에 눈을 돌리는 남아와 여아는 늘 있으며, 그런 아이들이 항상 나중에 동성애자로 드러나는 것은 절대 아니다. 부모로서 이런 사안에 어떤 태도를 취하는가? 아이가 관심있어 하는 것을 북돋우어 주는가? 아니면 옆에서 이끌어주려고 애쓰는가? 그렇다면 그것을 어떻게 하는가? 아이에게 읽어주는 이야기 책, 권해주는 장난감, 당신 자신이 보여주는 본보기가 아이의 선호 사항 발달에 정말 영향을 주는가? 아니면 여성성이나 남성성은 그냥 아이의 안에 들어있는 것이라 상관없는 변수인가?

이 사안의 배경에는 남성성과 여성성이 양육nurture이냐 본성nature이냐의 문제가 있다. 우리가 하는 행동은 습득한 것인가, 타고난 것인가? 또는 어쩌면 더 복잡하게 서로 꼬여있는가? 1960년대 여성해방운동이 성행하면서 양육nurture에 더 강조되고, 따라서 남녀평등한 교육으로 점차 옮겨갔다. 여자아이는 생일선물로 장난감 자동차를, 남자아이는 물론 인형을 받았다. 동화책 속의 성 역할은 시간이 흐를수록 약화되었고, 혹시 성 역할이 강화되어 있다면 비판을 감수해야 했다. 그래서 네덜란드의 대표적인 아동문학가 애니 슈미트Annie M.G. Schmidt의 ≪이프와 야네케Jip en Janneke≫가 계기가 되어, 우리가 아이들에게 얹어놓은 고정적 성 역할을 놓고 열띤 논쟁이 이어졌다. 성 역할 고정관념을 따른 광고도 맹비난을 받았다. 신체적이고 선천적인 성적 특성인 성별sex 는, 문화적이고 습득한 행동인 '젠더gender'와는 다르다는 주장이 점점 더 힘을 얻었다. '키잡이 딜레마 1'에 나온 용어로 말하자면, 타불라 라사tabula rasa, 쓰지 않은 백지로 세상에 나와서, 양육과 경험을 통해 백지를 채운다, 다시 말해 인격을 형성한다는 존 로크의 주장은 한층 더 확고한 지위를 차지하고 있다.

페미니즘 이론에 관해서라면 시몬 드 보부아르가 강력한 트렌드세터인데, 특히 1949년 출간된 저서 ≪제 2의 성≫를 통해서다. 보부아르는 자신을 실존주의자라고 부르는데, 이 철학 사조의 모토인 '존재가 본질에 앞선다'는 타불라 라사 개념과 동일 선상에 있다. 당신이 태어났을 때는 아직 본질이 없으며, 아직 누군가가 아니다. 인생의 과정에서 존재함으로써, 무언가를 함으로써(선택을 함으로써) 본질을 개발한다. 그것이 인간의 자유다. 당신은 자기 삶을 스스로 형성하고, 본질을 개발하는 자유로운 존재다.

그동안 우리는 다시 그와 반대의 움직임 한가운데에 있다. 뇌과학자들이 밝혀낸 바로는 우리는 우리 삶을 형성하는 데 전혀 자유롭지 않다고 한다. 네덜란드의 신경과학자 디크 스왑Dick Swaab과 빅토르 람머Victor Lamme는 신경외과적 연구를 바탕으로, 자유 의지는 전혀 존재하지 않는다고까지 주장한다. 그들의 주장에 따르면, 인형보다 자동차를 선호하는 성향은 이미 뇌 안에 정해져있다. 양육으로 바꿀 수 있는 부분은 많지 않다. 그러니 거기에 매달리지 말아라. 남자아이는 기분 좋게 남자아이로, 여자아이는 여자아이로 놓아두라고 이 뇌과학자들은 조언한다.

청소년 두뇌 전문가 마르흐리트 시츠코른Margriet Sitskoorn은 교육 기관을 위해 여기에 구체적인 조언을 덧붙인다. 남자아이의 두뇌는 조금 더 느리게 성숙하므로, 학업 진로의 경우 너무 일찍 선택하지 않는 편이 낫다.

남성성과 여성성이 선천적이라고 주장하는 생물학적 결정론자들과, 문화적으로 정해진다고 주장하는 이들이 양쪽으로 나뉘어 벌이는 논쟁은 이 아래에 설명해 놓았다. 공주 드레스, 분홍색 숭배, 기술 분야에 관심있는 여자아이가 부족한 현상, 그에 관해 캠페인을 벌여야 할 것인지를 놓고 오가는 지리한 말싸움. 이는 젠더 중립적 양육이 옳다고 믿느냐, 아니면 여아와 남아는 본성이 다르며 양육자로서 그것을 거스를 수 없다고 믿느냐, 하는 문제로 환원할 수 있다. 그래서 우리는 먼저 시몬드 보부아르의 선구적인 작업을 잠시 생각해본다. 보부아르는 소녀들이 소년들과 같은 일을 하라고 격려하고자 싸웠다. 오늘날의 미국 철학자 주디스 버틀러는 보부아르에서 한 걸음 더 나아간다. 지금의 양육자들은 이 철학자에게서 무엇을 선택할 수 있는가?

문화에서 자유와 결정론이라는 의제는 지금도 여전히 의미있다. 그래서 우리는 남아·여아 두뇌 논쟁을 잠시 생각해본다. 그다음 노르웨이에서 벌어진 안데르스 브레이빅의 테러를 다루는데, 이 사건은 아이를 형성할 수 있는가에 관한 철학적 논쟁을 불러일으킨 계기였다. 아이가 탈선하면 누구에게 책임이 있는가? 부모인가? 양육기관인가? 아니면 양육이라는 치료약도 듣지 않는 생물학의 문제인가? 젠더 중립적 양육이 가장 많이 이행된 스웨덴의 육아 모델도 살펴본다.

유디트 폴가르 Judit Polgár

클라라Klára와 라슬로 폴가르László Polgár 부부는 양육이 본성보다 중요하며, 여성을 올바른 방식으로 양육하면 지적인 면에서 남성과 똑같은 수준에 도달할 수 있다는 확신을 갖고 있었다. 부부는 그것을 증명하고자 딸들과 함께 실험을 수행하기로 마음 먹었다. 그들은 딸들을 홈스쿨링으로 키웠는데, 특히 체스에 심혈을 기울였다. 그때까지만 해도 체스는 여자보다 남자가 잘하는 게임이었고, 여자는 절대로 높은 수준으로 연마할 수 없다고까지 말하는 정도였다.

언니들인 조피아Sofia와 주저Zsuzsa는 여성으로서 최초로 남자 시합에 참가할 수 있는 탁월한 체스 선수들이었다. 하지만 으뜸은 그들의 막내 여동생 유디트인 것으로 드러났다. 유디트 폴가르는 세계 최고의 선수를 물리친 적이 있는 유일한 여성이다. 그녀는 그중에서도 마그누스 칼슨, 아나톨리 카르포프, 가리 카스파로프 같은 그랜드매스터들을 이겼다. 2015년부터는 헝가리 남자 국가대표팀을 이끌고 있다. 그러니 실험은 성공이었다. 폴가의 아버지와 어머니가 자기 자식들을 실험 대상으로 삼았다며 비판 받기는 했지만. 하지만 양육이란 그 정도가 더하고 덜해서 그렇지 다 하나의 실험 아닌가?

스티네 " "

나는 젠더 중립적인 양육을 받고 자랐다. 어머니는 우리에게 원피스를 입히지 않았고(놀때 불편하므로) 레고와 플레이모빌을 주었다. 나는 그것들을 좋아했지만, 사실은 바비 인형을 갖고 싶었다. 그런 마음이 부끄러웠기 때문에(어머니는 바비 인형을 좀스럽게 여길 터라고 생각했다) 나는 몰래 바비 인형을 용돈으로 사서 서랍에 숨겨 두었다.

세월이 지나, 내가 받은 젠더 중립적 양육의 결과가 무엇인지 곰곰이 생각해보았다. 나는 바비 인형을 갖고 논다든지 하는 전형적으로 여성스럽다고 여기는 일들에 자동적으로 부정적인 딱지를 붙였으며, 나의 여성스러움을 좀처럼 살펴보거나 발전시키지 않았다는 사실을 깨달았다.

인류학자 콘스탄스 엘스버그Constance Elsberg는 ≪기품있는 여인들 Graceful Women≫(2003)에서, 여자들만 있는 캠프에서 여자들의 일을 해나가는 영적 공동체에 참여하는 미국의 고학력 직업 여성군에 관해 쓰고 있다. 여성적 신체, 순환 주기, 모성 등과 새로이 만나는 것이다. 그 결과는? 여성들은 이 여성 캠프에서 더 행복감을 느낀다. 더이상 남성과 반대(경쟁)되는 삶을 살지않고, 바쁜 경제에서 상실되는 여성적 자질에 초점을 두기 때문이다.

나 역시, 여자들만 있는 공간에서 하는 요가 수업을 받는다. 그리고 내가 배운 페미니즘적 경종이 울릴지라도, 나는 아이가 원하면(그리고 아이는 원한다) 꽃분홍색 공주풍 원피스를 못 입게 하지 않는다. 그럴 때 나는 바비 인형을 갖고 싶었던 마음을 떠올린다. 나는 반페미니스트도 아니고, 근본주의자나 보수주의자도 아니지만, 그럼으로써 요리, 바느질, 정원일 같은 여성적이라고 딱지 붙은 일이 덜 가치있게 여겨지는 것은 막고 싶다.

66 프랑크 99

나는 아팠다. 나는 중이염을 앓고 있었고 의사가 오기로 되어 있었다. 우리집 의사의 이름은 흐룬이다. 흐룬 의사가 없으면 펠트만 의사가 진료를 보았다. 흐룬 의사와 펠트만 의사는 내가 잘 아는 사람들이었다. 그들에게 진료를 받은 적이 있었고, 언젠가 우리집에 오기도 했었다. 말 수없는 나이든 남자 두 명, 그들이 나는 조금은 무서웠다.

어머니는 소파에 내 이부자리를 펴놓았고, 나는 거기 누워서 의사가 오기를 기다리고 있었다. 초인종이 울렸다. 하지만 의사가 아니었다. 어떤 여자가 안으로 들어왔다. '의사 선생님 오셨어.' 하고 어머니가 말했다. 나는 당황하여 의사는 항상 남자인 줄 알았다고 말했다. '아니야, 여자도 의사일 수 있어.'하고 어머니가 말했다. 나는 그 의사가 흐룬 의사와 펠트만 의사보다 훨씬 더 다정하다고 생각했는데, 물론 나는 그러면서 다시 나의 고정적인 성 역할을 따르고 있었다!

안넬리스:

제 딸은 생각이 많은 성향인데, 학교 생활에서 번거로운 사교적 행동을 힘들어할 때가 있어요. 아이는 어떻게 반응해야 하는지 잘 모를 때도 있는데, 그럴 때면 굼뜨거나 반응이 늦곤 하지요. 지나고 나면 아이는 힘들어합니다. 그러면서도 아이는 아주 자율적인데 거기에 의미를 많이 두지요. 아이의 사교적인 면을 도와주어야 할까요?

 베르트:

아홉살 된 제 아들은 두 살 때부터 여자아이가 되고 싶었습니다. 아들은 그렇게 확신하고 있는데, 자신의 뇌가 그걸 원한다는군요. 제가 어떻게 접근해야 할까요? 아들은 '그녀'로 불렸으면 좋겠다고 바라는데, 저는 그게 자연스럽지 않게 느껴지거든요.

 카린:

딸과 저는 길게 땋은머리를 할 생각이 없답니다. 그런데 주변에서는 생각이 다르네요. 제 생각을 밀고 나갈까요? 당연하지요, 하지만 그래도…

 에스더:

제 딸은 인형하고만 놀고 싶어하는데 저도 같이 놀기를 원해요. 저는 전혀 생각이 없지만, 제가 같이 놀아주면 아주 기뻐해요.

시몬 드 보부아르와 주디스 버틀러 : 실현가능성과 언어

키잡이 딜레마 3에 나오는 케이스와 그의 여선생님으로 돌아가보자. 루소에 따르면, 케이스는 떠들썩하게 뛰어놀 수 있어야했으며, 물론 남자 선생님이 있었다면 더 좋았을 것이다. 이상적인 남자 교사는 에밀의 가정교사인 장자크 자신이었을 테다.

루소의 세계적으로 유명한 양육서 《에밀, 또는 교육에 관하여》는 모든 양육 철학에서 공감을 얻고 있지만, 소녀들에게는 실망스럽다. 숲에서 벌어지는 신나고 자유로운 실험은 소년들의 전유물이다. 그의 책에서 마지막 장은 에밀의 장래 배우자인 소피에 관한 내용이다. 소피의 삶은 무미건조하다. 그녀는 정숙한 소녀가 되어, 남편을 섬겨야 한다.

루소는 이렇게 쓴다. "여자의 교육은 모두 남자와 관련된 것이어야 한다. 남자를 즐겁게 해 주고, 남자에게 유익한 존재가 되며, 남자에게 사랑과 존중을 받는 것, 남자가 어릴 때는 양육하고, 자라면 보살펴 주고, 조언해주고, 위로하고, 생활을 즐겁고 기분 좋게 해 주는 것, 이러한 것들이 언제나 여자의 의무이며 어릴 때부터 가르쳐야 하는 일들이다."

메리 울스턴크래프트Mary Wollstonecraft(1759-1797)는 저서 ≪딸들의 교육에 관한 성찰Thoughts on the Education of Daughters≫(1787)과 페미니즘 저작 ≪여성의 권리 옹호A Vindication of the Rights of Woman≫(1792)에서 이미 일찍부터 루소의 주장을 반박했다. 그녀는 여성들에게 자율성을 지니며 스스로 사고하라고 격려했다. 계몽주의 사상가로서, 아이들에게 명료한 규칙을 제시하고 그들이 자신의 이성을 계발하도록 해주어야 한다고 주장했다. 여성은 배우자가 훌륭한 이성을 지녔다고 전제해서는 안 되며, 또한 배우자에게 종속되는 태도를 지니는 것이 아니라, 자신의 지성을 함양해야 한다.

그녀는 그 시대에 비범한 일을 했으며 여학교를 세웠다. 그녀는 할 수 있다면 차라리 남녀공학 학교를 보고 싶어했는데, 소년과 소녀는 똑같은 양육과 똑같은 교육을 누릴 수 있다고 생각했다. 모성과 대립한다고 보지도 않았다. 여성은 어머니 노릇을 잘 하면서도 지성을 함양할 수 있고 그리고 지적인 직업도 가질 수 있다. '나약한 여성은 대개는 어리석은 어머니다.'라고 그녀는 대담하게 주장했다. 스스로 좋은 본보기가 되는 것이 중요하다. 그리고, 독서하라. 독서는 판단능력을 발전시키는 데 도움이 된다. 울스턴크래프트는 스스로 생각하는 강한 딸들을 옹호했다. 그럴 때에만, 그들은 미덕을 지니게 된다고 그녀는 덧붙였다.

울스턴크래프트는 스칸디나비아 국가들을 여행하면서 젠더 유토피아를 발견하고, 그 나라 여성들이 누리는 평등, 자유, 자율에 무척 놀랐다. 그녀는 여행기 ≪스웨덴, 노르웨이, 덴마크에서 쓴 편지들Letters Written in Sweden, Norway and Denmark≫(1796)에서, 자신이 발견한 것들을 보고서로 쓴다. 그녀는 자신의 딸은 제 손으로 양육하지 못했다. 아이를 낳다가 목숨을 잃었기 때문이다.

여성이 사고하고 이성적인 존재로 성장하도록 장려하는 페미니스트 교육의 주제는 두 세기 후의 시몬 드 보부아르(1908-1986)에 의해 채택되었다. "여자는 태어나는 것이 아니라, 만들어지는 것이다"라고 ≪제 2의 성≫(1949)에서 그녀는 썼다. 보부아르는 페미니즘적 견해를 많이 남겼는데, 아마 교육적인 조언은 덜 알려졌을 것이다. 그도 그럴 것이 사유하는 여성으로 키우고 싶다면, 어린 시절에 그렇게 해야 하기 때문이다. 그녀는 ≪제 2의 성≫에서 남아와 여아가 양육 받는 동안 어떻게 남자와 여자로 양성되는지 치밀하게 기술한다.

얼추 네 살까지, 여아와 남아는 똑같은 대접을 받는다. 양쪽 다 똑같이 안아주고 뽀뽀를 해준다. 그런데 그 다음에 심상찮은 일이 일어난다. 남자아이는 이제 무릎에 안아주지 않으며 울면 안 된다는 말을 듣는다. '행동거지'를 잘 해야 하며 뽀뽀해달라고 보채서는 안 된다. 처음에는 충격을 받지만, 여자아이와 비교하여 자신이 특별하다는 느낌을 받음으로써 보상 받는다. '우리는 남자잖아'라는 말을 듣는 것이다. '남자임'이라는 추상적인 개념은 페니스로 구체화된다. 남아는 그 페니스로 여아는 할 수 없는 뭔가를 할 수 있으니, 바로 서서 오줌누기다. 보부아르는 이렇게 쓴다.

"어떤 아버지가 내게 말해주기를, 자기 아들 중 한 아이는 세 살이 되도록 앉아서 소변을 봤다고 한다. 아들은 누이들과 사촌누이들에 둘러싸여, 수줍음이 많고 다소 풀이 죽어 지냈다. 하루는 그의 아버지가 아들을 화장실로 데리고 가서 말했다. '지금부터 남자가 소변 보는 법을 한번 보여주마.' 그 후로 아이는 서서 소변 본다는 사실을 아주 뽐내며, '구멍으로 소변 보는' 여자아이들을 경멸하게 되었다. 그에게 그 경멸의 원인을 제공한 것은 여아들에게 신체 부위가 없다는 점이 아니라, 여아들은, 그처럼, 아버지의 선택을 받지 않았고 비법을 전수받지 않았다는 점이다."

보부아르는 어머니들과 유모들이 아이들의 생식기에 대해 부드러운 감정이나 경외심을 똑같이 느끼지 않는다고 지적한다. 여자아이는 남자아이와 달리 뽀뽀와 관심을 계속 요구하는데, 다시 말해 확인을 계속 요구하는 셈이다. 여자아이들은 자기 몸을 가치있는 것으로 떠받드는 법을 배우지 않는다.

1950년대까지 사람들은 아이를 낳고 젖을 먹일 수 있는 부드럽고 둥그스럼한 여성의 신체가, 남성의 각지고 딱딱한 신체보다 돌봄에 더 적합하다고 생각했다. 보부아르는 최초로 성별와 젠더를 엄격하게 분리했다. 여성적이라고 부르는 특정한 징표인 질, 유방, 자궁을 신체(자연, 섹스)에 지녔다는 것이, 여성적으로 행동해야 한다는 문화, 젠더의 의미는 아니다. 그 여성적 역할이 반드시 여성에게 속하는 것은 아니지만, 가부장적인 서구 문화에 의해 여성의 몸에 고착되었다. 보부아르에 따르면 그 문화에서 여성은 남성의 부정 형태일 뿐이다. 다시말하면 남성이 아닌 것으로서의 여성인 것이다. 여성은 남성적인 정체성을 돋보이게 할 수 있는 부족한 존재일 뿐이다. 그러므로 여성은 집안을 건사하여 남자가 바깥 세상에서 최적으로 활동할 수 있도록, 말그대로 돌보는 사람일뿐만 아니라, 부재자이며 어둠이고 남성적인 주체를 밝혀주는 존재이기도 하다. 남자는 추상적이며 사유하는 주체이고, 자신의 육체성을 부정하며 이를 여성성에 투사한다. 말하자면, 남자는 정신·문화, 여자는 육체·자연이다.

보부아르는 여성을 족쇄에서 해방시켜, 여성이 항상 필요하다고 생각했던 행동방식이 실제로는 그렇지 않음을 인식하게 하려고 했다. 그녀는 여성이 공적 영역에 진출하며 생각하는 존재로 드러나도록 격려한다. 여기에서 어머니가 중요한 역할을 한다. 전업주부인 어머니가 자신의 좌절감을 딸에게 분풀이하는 경우가 너무 빈번하게 일어난다. 어머니들이 딸들을 위해 할 수 있는 가장 중요한 일은 직업을 가짐으로써 본보기가 되는 것이다. 그리고, 만들어지는 존재는 여자만이 아니고, 남자도 남자로 만들어진다. 남성성 또한 그와 마찬가지로, '자연적인' 상태가 아니라, 어려서부터 배우는 것이다. 따라서 남자라면 어떻게 행동해야 한다는 방식 또한 양육의 문제이며 문화마다 다르다.

케이스와 그의 여선생님으로 돌아가보면, 케이스의 어머니가 보기에 여선생님은 케이스가 사내아이답도록 허용하지 않는다. 보부아르의 견해로 보면, 여선생님이 옳을 수도 있다. 케이스는 여자아이들은 평소에 이미 견디어야 하는 삼성을 느낄 테다. 마음껏 뛰어놀고 실험해볼 수 없고 항상 얌전하고 고분고분해야 하기에 오는 좌절감 말이다. 이런 점은 케이스에도 싫은 일이지만, 그의 여자 급우들에게도 마찬가지다. 그나저나 남자선생님이 도움이 될지는 의문이다. 만약 '여성성'이 남아들에게까지 규범이 되어가고 있다면, 남선생님도 마찬가지로 그것을 강제할 수 있기 때문이다. 보부아르에 따르면 남아와 여아 사이에는 실질적인 차이가 없으니 말이다.

많은 여성 철학자들이 보부아르에게 신세를 지고 있다. 미국의 철학자 주디스 버틀러Judith Butler(1956)는 남자와 여자가 어떻게 행위하는지가 그들이 각기 어떻게 구성되는지를 결정한다고 주장하면서 보부아르의 사상에 한 층을 더했다. 남자와 여자가 실제로 다르며, 그래서 다르게 행위한다는 것은 사실이 아니고, 그 정반대다. 그들은 다르게 행위하며, 그래서 다르게 구성된다.

버틀러에 따르면, 젠더는 행동적인 표현을 통해 생겨난다. 버틀러는 20세기 영국의 언어철학자 존 오스틴John Austin에게서 이 개념을 가져오는데, 오스틴은 언어 행위에 관해서도 다루었다. 그에 따르면 언어 발화란 무엇을 설명하는 것이며, 또한 행동이다. 수행적 언어 발화의 유명한 예로 '이에 나는 회의 개회를 선언합니다'를 들 수 있다. 이 말은 어떤 효과를 초래하며, 그 자체가 행위이다. 버틀러는 모든 언어 발화가 어느 정도는 수행적이라는 점에서 오스틴과 생각을 같이 한다. 우리가 하는 모든 말은 특정한 방식으로 영향을 미친다. 명백하게 설명하거나 분류하는 과학자들 또한 세계를 형성합니다. 신체적 특징(생식기 특성, 호르몬, 두뇌)을 기반으로 남성적·여성적 차이를 구분하는 것은 기술技術일뿐만 아니라, 또한 남성성과 여성성을 창조하며 카테고리를 형성한다.

수행적 언어 발화에 능숙한 이들은 학자들이지만, 절대 지존은 하나님이다. "그때 하나님이 이르시되, '빛이 있으라!' 하시니 빛이 있었다.(…) 하나님이 이르시되 '사람을 만들자.'" 그렇게 하나님은 '남자와 여자'를 창조했다. 따라서 하나님은 자신의 언어를 사용하여 무에서 무언가를 창조할 수 있다. 우리 인간들은 그렇게 할 수 없다. 의미를 가지려면 문장이 이미 존재해야 하기 때문이다. 가령 '이에 나는 회의 개회를 선언합니다'라는 문장을 아무도 예전에 들어본 적이 없다면, 그 발언은 의미를 지니지 못하며 효과도 없다. 따라서 수행적 발언은 인용의 형태를 띤다. 이미 존재하는 표현을 반복하는 것이다. 거기서 인용문의 의미와 효과는 우리보다 앞서있다. 하나님은 자신이 원하는 바의 효력을 발생시킬 수 있었으나, 우리가 언어를 사용할 때 우리는 이미 존재하는 의미를 가리킨다. 그 의미는 우리가 언어를 사용하는 사람에 달려있다.

버틀러에 따르면, 이러한 방식으로 우리에게 젠더 개념이 생겨난다. 우리는 자신이 누구이며 누가 되는지 등에 관한 발언을 반복한다. 우리는 누구라고 이미 존재하는 규범을 반복하고 확인하면서 말이다. 그러니 젠더 정체성은 우리가 스스로 생각해낸 것이 아니다. 아이에게, 네가 남자아이냐 여자아이냐고 물었는데 아이가 '남자아이에요'라고 대답할 때, 아이는 이미 온갖 의미가 확고하게 들어있는 인용문을 반복한다. 그 발언은 말하자면 아이가 다른 데서 가져온 것이다. 남자아이는 박력 있고 자동차를 좋아하고 바지를 입는다, 등등. 그런 것들은 아이일 때는 아직 다 알지 못한다. 하지만 '나는 남자아이에요'라는 발언을 반복하면서 그 의미들을 서서히 자기 것으로 만든다. 내가 누구인지, 그러니까 나의 젠더는, 내가 이미 늘 무엇이었던 것이 아니라, 내가 하는 무엇이 된다. 나의 정체성은 '수행performance'인 것이다.

그런데 수행적 발언이 인용의 형태일 수밖에 없다면, 내가 누구이며 누가 되고 싶은지에 대해 여전히 내가 영향력을 행사하기는 하는가? 그때 우리는 이미 존재하는 역할만 인용할 수 있으니 말이다. 버틀러에 따르면, 우리는 규범을 반복함으로써 그 규범을 스스로 깎고 다듬기 때문에, 움직일 수 있는 여지는 있다. 우리는 수행적인 언어 발화를 하고, 그 발화는 효과를 낳는다. 기존의 규범들은 강압적이고 우리는 그 밖으로 완전히 나갈 수는 없으니 어렵기는 하지만, 우리는 반복 속에 작은 변화를 줌으로써, 기존 규범의 안쪽 가장자리에서 바깥쪽을 만지작거리려 조절할 수 있다. 어떤 남자가 유별나게 여성적인 자세로 움직인다면, 그는 지배적인 남성 성역할을 아주 약간 고치는 셈이다. 그러므로 버틀러에 따르면, 우리에게는 자신이 누가 되고 싶은지 결정할 수 있는 완전한 자유는 없어도, 우리의 젠더 정체성을 스스로 형성할 수 있는 작은 가능성은 있다.

케이스의 어머니는 무엇을 해야 하는가? 그녀는 질문을 제기함으로써, 우리 사회에서 살아가는 남자아이와 여자아이에 관한 편견을 확인시켜준다. 그녀는 그냥 잠자코 있어야 했을까? 아니면 방과 후 여교사가 거친 행동을 좀 더 수용하게 했어야 했을까?

버틀러는 보부아르와 마찬가지로 양육이 의심할 여지 없이 중요하다고 본다. 아버지와 어머니가 가정내에서 자신의 역할을 하는 방식이, 가정 내에서 남성성과 여성성이 의미하는 바에 영향을 준다. 아이들에게 읽어주는 이야기에 나오는 남자와 여자가 맡은 역할은, 남성성과 여성성에 관한 아이들의 개념을 형성한다. 따라서 자녀가 어떤 책, 영화, 드라마를 보고 읽는지에 주의하라. 왜냐하면 그 안에 남자와 여자에 관한 특정한 견해가 담겨서 아이들에게 전해지며, 그것은 상당히 강력할 수 있기 때문이다.

의외의 조합을 만들어보면 좋다. 예를 들어 아빠는 한 달 동안 아이에게 마냥 다정하고 안아주며, 엄마는 일요일이나 되어야 아이를 돌보기로 약속한다. 또는 엄마가 아들의 거친 행동을 보듬어 주며, 그런 행동이 바람직하다는 느낌을 준다. 케이스의 어머니가 되어, 여선생님의 정반대가 될 만한 다양한 남성적 롤 모델을 찾아본다. 그리고 가정에서 틀에 박힌 역할 패턴에 빠지지 않고, 아버지가 요리하고 장을 보며, 어머니가 집수리를 하는 것이 가능할 수도 있다.

TOP 5 [영화]

고정적 성 역할에서 벗어난 멋진 영화

1. <개 같은 내 인생Mitt Liv Som Hund>(1985), 라세 할스트롬Lasse Hallström,

예민한 남자아이 잉마르에게는 병을 앓는 어머니가 있다. 잉마르는 권투를 하는 여자아이와 친구가 되는데, 그녀는 사춘기 시절 동안 통증을 예방하려고 가슴을 칭칭 동여매지만, 계속 권투를 하고 싶어서이기도 하다.

2. <디크 트롬Dik Trom>(2010), 아르네 토넌Arne Toonen

네덜란드 작가 키비트C.Joh.Kieviet가 쓴 유명한 어린이책을 현대적으로 각색한 영화. 디크Dik는 외모와 건강에만 혈안이 된, 뒨호번Dunhoven 마을의 문화에 맞선다. 디크 덕분에 그의 여자친구 리베는 자신의 뚱뚱한 아버지와 다시 연락하게 되고, 그의 어머니도 자신의 몸을 받아들이게 된다. 마르셀 뮈스터르스Marcel Musters가 쾌활하고 인자하며 비만인 아버지 역할을 멋지게 해내며, 엄마들이 늘 그러하듯 아들에게 계속 먹을 것을 준다.

3. <쇼 미 러브 Fucking Åmål**>(1998, 12+),**

루카스 무디손 Lukas Moodysson

열여섯 살의 레즈비언 아그네스와 인기 많은 엘린 사이의 싹트는 우
정을 그린 독특한 영화. 두 소녀는 어떤 짜릿한 일도 일어나지 않는 마
을인 아말에 산다.

4. <빌리 엘리어트 Billy Elliot**>(2000), 스티븐 돌드리**Stephen Daldry

발레리노가 되고 싶은 남자아이를 다룬 감동적인 영화

5. <슈팅 라이크 베컴 Bend It Like Beckham**>(2002),**

거린더 차다 Gurinder Chadha

시크교 신봉자인 아버지에 저항하며 축구를 하는 소녀를 다룬 유쾌
하고 기분좋은 영화. 그녀의 아이돌은 데이비드 베컴. 축구를 좋아하는
모든 소녀들을 위한 영화.

지그문트 프로이트 Sigmund Freud

정신분석학의 창시자 지그문트 프로이트는 여성친화적인 면과는 거리가 멀다. 그의 작품은 주로 남자에 초점을 맞춘다. 유명한 오이디푸스 컴플렉스를 보라. 소년은 제 아버지를 죽이고 어머니와 결혼하고 싶어한다. 오이디푸스 콤플렉스의 여성 버전으로 일렉트라 콤플렉스가 있지만, 훨씬 덜 정교하고, 게다가 상당히 성 차별적이라고 보는 사람이 많다. 그 소녀는 그 소년처럼 애당초 자신의 어머니에게 묶여있어야 했다. 소녀는 자신에게 페니스가 없다는 걸 발견하자, 제 어머니 탓이라고 생각하고 어머니에게 화가 난다. 그때부터 소녀는 아버지에게 집중하며 그의 아기를 임신할 꿈을 꾼다. 임신은 말하자면 결핍된 페니스를 보상해줄 것이다.

프로이트는 페니스에 대한 여자들의 질투를 남근 선망이라고 부른다. 특히 그 남근 선망이 많은 사람에게 눈엣가시다. 왜 여자들이 희한한 코끼리 코 같은 그런 것을 부러워하겠는가? 그렇다면 왜 남자들에게는 유방 선망 같은 것은 없는가?

그래도 프로이트의 사상은 페미니즘 철학에 무척 중요했다. 프로이트는 여자아이와 남자아이가 정신적인 면에서 근본적으로 서로 다르지 않다고 전제하기 때문이다. 아무리 여자와 남자의 신체가 다르다 해도, 전형적인 여성적·남성적 행동방식과 선호는 주로 양육의 결과라는 게 그의 생각이다. 이는 성적 취향에도 적용된다. 프로이트는 모든 사람이 양성애자로서 세상에 태어나, '정상적인' 양육을 받으며 이성에 끌리도록 배운다고 생각했다. 이와 같은 출발점은 섹스 방면(음경, 질, 유방과 같은 신체적 특징)과 젠더 방면(문화에 의해, 따라서 양육에 의해서도 발생하는 전형적으로 여성적·남성적인 행동양식)을 구분하는 길을 열어준다.

☀ 남성성과 여성성의 고정관념

여성적	남성적
의존적이다	독립적이다
예민하다	둔감하다
수동적이다	공격적이다
차분하다	경쟁적이다
우아하다	어설프다
순진하다	노련하다
약하다	강하다
걱정한다	적극적이다
자신없다	자신만만하다
부드럽다	거칠다
성적으로 순종적이다	성적으로 공격적이다
수용적이다	반항적이다

3

남자아이의 뇌
여자아이의 뇌

내가 누구인지를 양육이 만든다는, 보부아르와 버틀러의 생각은 이제는 더이상 자명하지 않다. 두뇌 혁명과 뇌 과학의 발전으로, 보부아르 이전의 생물학주의biologism가 완전히 되돌아왔다. 《우리는 우리 뇌다》(디크 스왑)나 《화성에서 온 남자, 금성에서 온 여자》(존 그레이) 같은 베스트셀러가 보여주듯이 말이다.

스왑은 《우리의 창조적인 뇌Ons creative brein》(2016)에서 스웨덴에서 볼 수 있는 것과 같은 젠더 중립적 양육을 적극 반대하는 쪽으로 방향을 튼다. 스웨덴에서는 장난감이 성 중립적이거나 심지어 성 역할도 뒤바뀌어 '소년이 헤어드라이기로 머리모양을 내고' 있거나 '유모차를 밀고 간다'.

스왑에 따르면, 자궁 내 테스토스테론 수치가 두뇌 발달 및 아이가

장차 보여줄 젠더 행동에 대한 모든 요소를 결정한다. 아이들이 젠더에 맞게 행동하지 않는다면, 비정상적인 유전적 발달과 관련이 있다. 스왑은 아이들이 '젠더 불일치' 장난감을 원하거나, '젠더 불일치 스포츠'를 선호하는 것은 '괜찮다'고 보지만, 젠더 중립적 양육에 대해서는 이런 저런 반대 의견을 내놓는다.

젠더 중립적 양육은 아이들에게서 즐거움의 중요한 부분을 빼앗고 진화론에도 위배된다. 그리고 그로 인해 피해가 생길 수도 있다. '성별 차이여 영원하라. 그것 없는 삶은 대체 무엇이란 말인가?'라고 스왑은 주장한다. 다만, 수학, 과학 같은 정밀한 과목에서의 성별 차이는 과장되어 있으며, 그 차이는 문화적인 요인에 의해 결정되는 듯 보인다고, 그는 인정한다.

젠더 중립적 양육을 비판하며 성별 차이는 결정되어 있는 것이라고 주장하는 분야는 뇌과학만은 아니다. 심리학 분야에서도 이와 같은 생각을 만나게 된다. 베스트셀러 저자 존 그레이John Gray도 저서 ≪존 그레이 자녀교육법Children Are from Heaven≫(1999)에서 거들고 나선다. 그는 간결하고 명확하게 주장한다. 남자아이는 화성에서 왔고, 여자아이는 금성에서 왔다. 그리고 ≪화성에서 온 남자 금성에서 온 여자≫의 처방을 반복한다.

성별 차이를 부정하지 않고, 오히려 수용하고 인식할 때, 더 행복하고 성숙한 관계를 맺을 수 있다. 그 주장은 아이들에게도 적용된다. 그레이에 따르면, 여아와 남아의 차이에 관한 통찰은 양육자의 지지를 받아 마땅하다. 그것들을 거스르지 말아라, 남아는 잊어버리고, 여아는 기억한다. 흥분하지 말고 받아들여라. 남자아이들은 사랑, 관심, 인정을 더 필요로하고 그들이 하는 일을 찬양받고 싶어하지만, 여자아이들은 그들이 누구인지에 대해 찬양받기를 원한다. 따라서 남자 아이에게는 성과를 칭찬하고, 여자아이에게는 어떤 사람인지를 칭찬하라. 남자아이에게 남을 돌보는 성향을 장려하고 싶다면, 그에게 신뢰, 인정, 존중을 보여주어야 한다. 여자아이는 자신감과 자기 주장을 지니는 데에 무엇보다도 보살핌, 이해, 존중이 필요하다.

여성해방에 좋지 않은 주장일까? 달리 생각하지 않는 사람도 있다. 벨기에의 철학자 흐리트 판데르마선Griet Vandermassen은 ≪숙녀들을 위한 다윈Darwin voor dames≫(2005)에서 남성과 여성의 차이점을 고려하는 페미니즘을 주장한다. 그녀에 따르면, 그 차이를 부인하는 것은 여성 문제를 악화시키기만 했다. 남자와 여자는 서로 다르게 구성되어 있다는 점을 염두에 두면 여성 해방의 영역에서 훨씬 더 많이 성취할 수 있다고 그녀는 말한다. 미국의 심리학자 레너드 삭스Leonard Sax도 이를 확신한다. 그에 따르면, 남자와 여자는 수학에서 동등한 수준에 이를 수 있는데, 굳이 말하면, 여자는 배우는 방법이 남자와 다를 뿐이다. 남자아이에게는 추상적 방식으로 내용을 전달해주면 되고, 여자아이는 시각적인 설명에 더 익숙하다. 그래시 여성 해방을 촉진시키는 최선의 방법은 남녀분리 교육이라고 그는 주장한다.

하지만 여자와 남자의 차이가 실제로 태어날 때 이미 정해지느냐는 문제는 여전히 남는다. 캐나다 출신의 영국인 심리학자 코델리아 파인

Cordelia Fine은 ≪젠더, 만들어진 성Delusions of Gender≫(2011)에서 학술 연구 결과를 숱하게 제시하는데, 여성성과 남성성의 차이에 관한 선입견을 낱낱이 깨부수는 사례들이다. 여성이 수학을 더 못한다는 가정을 보자. 주로 그런 결과가 나오는 경우는, 예를 들면 시험치기 전에 성별이 무엇인지 대놓고 물어봄으로써 여성에게 자신이 여성이라고 주의를 환기시켜줄 때다. 우리가 갖고 있는 선입견이 우리가 내는 성과에 영향을 주는 것으로 번번이 드러난다. 그로써 우리는 앞서 다룬 철학자 주디스 버틀러의 이론에 상당히 가까워진다. 성 역할은 분명히 달라질 수 있지만, 그 변화는 늘 느리게 일어날 것이다. 우리의 선입견은 변하기 어렵기 때문이다.

66 프랑크 99

내가 코델리아 파인의 ≪젠더, 만들어진 성≫을 다 읽었을 때, 마침 내 아들은 학교에서 수학 시험을 보았다. 아이가 합격점수를 받는 것은 무척 중요했다. 아이가 아침에 문을 열고 집을 나섰을 때, 나는 그의 등에다 대고 소리쳤다. '남자아이들은 수학에 아주 소질있다는 걸 잊지 마라.' 나는 그 말이 맞다고 생각하지 않았지만, 그 순간에는 내 아들의 성공이 남녀 평등보다 잠시 넌서였다.

요즘의 생물학적 결정론에 반대하는 또다른 반응도 나오고 있는데, 이는 버틀러의 이론을 확인해주는 듯 보인다. 신경과학의 최근 견해를 바탕으로, 젠더 차이가 출생시부터 두뇌와 호르몬 수치에 고정된다는 주장에 많은 의문이 제기되고 있다. 왜냐하면 뇌 과학자들은 그 주장을 펴면서 동시에, 우리의 뇌에 가소성이 있으며, 우리가 사는 동안에 스스로 형성된다고 보기 때문이다.

따라서 본성nature과 양육nurture은 서로 대립하는 두 가지의 수량이 아니라, 끊임없이 상호작용한다. 태어나면서 본성의 영역이 완전히 끝나고 그다음 양육의 영향이 시작되는 것이 아니다. 그게 아니라, 그 둘은 계속 서로 영향을 주며 변화한다. 택시 운전사의 경우, 공간 인식을 다루는 두뇌 부분이 특히 발달되었다. 그들은 태어날 때 이미 그 능력을 갖고 있어서 택시운전사가 되었을까? 아마도 그 정반대일 것이다. 하루하루, 한 해 한 해를 경로를 따라 오가며 그 영역에 대한 두뇌가 발달했고, 그 두뇌 부분이 발달함으로써 운전사는 길을 더 잘 찾게 된다. 그런 식으로 행동과 자질은 서로 끊임없이 영향을 주고 받는다. 그러니 우리의 뇌는 태어날 때 고정된hardwired 것이 아니다. 뇌의 발달은 평생 동안 계속된다.

네덜란드 심리학자 안네리스 클레인헤런브링크Annelies Kleinherenbrink는 두뇌과학자와 생물학자 대부분이 재능에 관해서라면 뇌에 가소성이 있다는 사실을 전제로 하지만, 여성성과 남성성에 관해서는 그렇지 않다는 데 놀란다. 그것들은 이미 고착되어 있기는 할 테다. 그런데 왜? 어째서 전형적인 남성적·여성적 행동은 양육과 본성 간 지속적 상호작용에서처럼 발생하지 않는가?

그렇다면 이제 우리는 무엇을 해야 할까? 우리 아이들을 되도록 젠더 중립적으로 양육해야할까? 아니면, 그 차이를 인정하고 남자아이와 여자아이로 봐두어야 할까? 양육과 본성이 계속 상호작용하면서 우리가 누구인지 결정하는 것이 사실이라면, 그에 관해 일반적인 할 말은 없어진다. 그러면 모든 상황이 다르고 항상 특정한 접근법이 필요하다. 그러면 표준 전술이 없다. 그러니 키를 잡아야 한다. 그리고 무엇보다, 개별적으로 아이를 보는 눈을 가져라.

" 프랑크 "

친구 아들 야샤는 네 살 무렵에 뜬금없이 여자아이가 되고 싶어했다. 야샤는 여자아이 옷만 입었으며 생일선물로 인형을 사달라고 했다. 아이의 부모들은 거기에 아무런 문제도 느끼지 않았다. 하루는 그 변신 이후 처음으로 할머니네에 갔다. 할머니는 여자아이가 된 손주를 보고 깜짝 놀랐으며 통 마음에 들어하지 않는 기색이 역력했다. 그 뒤로 야샤는 절대로 여자아이처럼 행동하지 않았다.

성별 변형

네덜란드에는 간성間性, intersex으로 태어난 사람이 8만 명 가량 살고 있다. 그들의 신체는 여성·남성의 보편적 기준에 전혀 부합하지 않는다. ≪내가 남자아이인지 여자아이인지 그들은 알지 못했다 : 앎, 선택, 성별 변형≫(2015)은 얼마 전까지 '남녀 한몸hermaphroditism'으로 불렸던 간성에 관해 네덜란드 철학자 마르흐리트 판헤이스흐Margriet van Heesch가 연구한 논문이다.

1950년대부터 네덜란드에는 아주 어린 나이에 성 분화 이상 아동을 수술하여 그들의 신체를 분명한 남자아이 또는 여자아이로 만들었다. 이런 과정은 이후 비밀로 유지되었다. 사람들은, 이 아동들이 결국에는 자신을 여자아이나 남자아이로 느낄 것이라며, 선의를 갖고 생각했다.

판헤이스흐는 이 사람들 다수를 추적하여, 성인이 된 그들이 의학적인 개입과 비밀을 어떻게 회상는지 물었다. 더러는 젠더를 잘못 선택하여 무척 고통스러운 결과를 낳기도 했다. 더우기 비밀은 항상 누설되었다. 어떤 이들은 자신을 남자로 보고, 어떤 이들은 여자로 보며, 또 어떤 이들은 그 사이의 무언가로 본다. 바로 그 수술과 비밀성으로 인해 그들은 자신에게 뭔가가 잘못되었으며, 원래의 자신일 수 없다는 느낌을 가지고 있다.

양육과 본성이라는 문제에 관해 굉장히 흥미로운 연구조사다. 이 사람들이 억지로 남자나 여자가 될 수 없었다는 점을 보면, 남자 또는 여자 또는 다른 성을 만드는 것은 단지 양육만은 아니라고 짐작할 수 있다. 그렇지 않다면, 그들이 받은 전형적인 남성적·여성적 양육을 통해 그들은 자신을 온전히 남자나 여자로 느꼈을 것이다. 다른 측면에서 이 연구는, '남자'와 '여자'라는 범주가 서로 대척점에서 너무 한정적이라는 점을 보여준다. 그러니까 네덜란드에만 그 범주에 맞지 않는 사람이 8만 명 가량이다. 그리고 우리는 '드래퀸drag queen', '드랙킹drag kings', '트랜스섹슈얼transsexual', '성전환자transgender', 게다가 자신의 정체성을 '퀴어queer'로 보는 사람들은 말할 것도 없다.

66 프랑크 99

남자아이와 여자아이의 신체는 사춘기가 되기까지는 서로 아주 비슷해 보인다. 둘을 서로 구분해주는 것은 주로 옷차림, 머리 모양, 행동 방식이다. 내가 그 점을 분명히 알아차린 것은 어릴 때, 선생님들이 교육을 받는 날이어서 휴교했던 어느 날이었다. 나는 여섯 살쯤 되었고, 어머니와 함께 장을 보러 갔다. 어머니는 어렴풋이 아는 어떤 사람을 만나, 가게 안에서 이야기를 나누었다. 조금 있다가 그 부인이 어머니에게 물었다.

"따님은 오늘 학교 가지 않아도 되나요?"

나는 심한 모욕감을 느꼈다. 어머니도 눈치챘음에 틀림없었다. 내가 진짜로 남자아이라고 그 부인에게 단단히 알려주었기 때문이다. 부인은 사과했다.

"네 바지의 지퍼가 왼쪽 여밈이어서 여자아이인줄 알았어." 라고 내게 말했다. 아닌게 아니라 바지의 지퍼가 뭔가 이상하다는 것은 나도 이미 알고 있었지만, 그게 원래 여자아이용이라는 것은 몰랐다. 알았다면 입고 싶지 않았을 것이다. 그리고 그 순간부터 다시는 입지 않았다. 여자아이로 보이는 것보다 더 당혹스러운 일은 없다.

어쨌거나 그때 나는 누가 나를 여자아이로 보는 일을 거의 상상할 수 없었다. 그러면서 나 자신도 누구를 남자아이나 여자아이로 지레짐작하여 판단하기는 어려움을 알게 되었다. 그리고 어쩌면 내 경우에는 특별히 어려웠을 지도 모른다. 내 머리는 목까지 왔고, 나는 그게 사내

답다고 생각했다. 어머니는 내 머리를 조금 잘라냈으면 했는데 말이다.

아무튼 나는 여자아이가 한번 되어보고 싶은 마음을 남몰래 갖고 있었다. 나는 여자아이들의 모든 것에 호기심이 발동했다. 여자아이라는 건 어떤 것일지 공상을 하기도 했다. 하지만 그 생각을 절대로 드러내지는 않았다. 그러지는 않았다. 한번은 간담회 시간에 여선생님이 다른 성이 되면 좋겠다고 생각하는 사람 있냐고 물었는데, 그때도 마찬가지였던 듯하다. 온 교실은 떠나가라 소리쳤다. '아니요!'

4

나쁜 유전자일까?
나쁜 부모일까?

 본성과 양육에 관한 혼란은 노르웨이에서 재앙이 발생하자 여실히 드러났다. 2011년 아네르스 브레이비크가 저지른 테러에서 77명이 목숨을 잃었다. 토론이 불붙었다. 이 사람은 어떻게 그런 잘못된 길로 가게 된 것일까? 브레이비크가 테러를 저질렀을 때의 나이는 32세다. 테러 직후에 사람들은 그의 전적을 속속들이 들추었다. 양육 과정에 어떤 흠이 있는가? 아니면 유전적인 비정상이어서 선천적으로 사악한 사람인가?

 노르웨이에서 논쟁은 즉각 보육 지원 기관의 역할과 양육에 촛점이 맞추어졌다. 오게 스토름 보르크그레빙크Aage Storm Borchgrevink는 널리 회자된 그의 저서 ≪노르웨이의 비극En norsk tragedie≫(2012)에서 브레이비크의 어머니가 아들의 발달에 결정적인 역할을 했다고 쓴다. 그녀는 우울증을 앓았고 불안정했으며, 네 살이 될 때까지 아이를 한 침대에 데리고 자고 때리고 멸시하고 아이가 죽기를 바랐을 테다. 요컨대, 그녀는 아들을 체계적으로 학대했다. 아버지가 없는 가정이었다. 브레이비크가 한 살 반이었을 때 그의 부모는 이혼했다.

브레이비크의 어머니는 억울하다며 보르크그레빙크에게 항변했다. 그녀의 이야기는, 원래부터 아들은 항상 속썩이는 아이였으며, 비난은 보육지원기관이 받아야 한다는 것이었다. 그녀는 조언을 얻으려고 두 번이나 당국의 문을 두드렸으나, 받아들여지지 않았다. 그녀쪽에서 끈질기에 요구하여, 브레이비크가 네 살 때 정신병 치료 보고서가 작성되었다. 보고서는 그를 불안정한 아동이라고 진단했다. 그사이 파리에 살던 그의 아버지는 보고서 내용을 듣고, 법정을 통해 아들을 되찾으려고 시도했으나, 재판에서 졌다.

브레이비크는 청소년기 동안 뭔가 잘못되어 갔다. 그는 집안에서만 지내며 쉬지않고 컴퓨터 게임을 했다. 경찰의 보고서에서 밝힌 바로는 그는 테러를 저지르기 전 수개월 동안 온라인 컴퓨터 게임인 '콜 오브 듀티'와 '월드 오브 워크래프트'를 몇 시간이고 연달아 했으며, 혹시 그를 바로잡아줄 수도 있는 다른 사람들로부터 자신을 격리했다.

브레이비크를 다룬 출판물은 전국적 논쟁으로 이어졌다. 무엇이 한 사람을 테러리스트로 만드는가? 그가 받은 양육인가? 부모가 요청할 때 지원을 제공해주지 않는 실패한 기관인가? 아니면 아무도 아이를 돌보지 않는 지나친 개인주의인가? 브레이비크 자신도 성명을 내놓았다. 이 나라는 여성에게 권리를 너무 많이 주고 페미니즘의 '정치적 영향'이 가득한 '아버지없는 국가'에서 자신이 자랐다고 말했다. 선언문은 여성 혐

오로 가득하며, 그는 노르웨이에서 남성적 가치를 회복해야 한다고 주장한다. 앞서 말했듯이, 자신의 아버지의 부재는 양육 과정에서 크나큰 문제였다.

논쟁의 촛점이 주로 부모와 지원기관의 역할에 맞춰지고, 생물학적 이상 가능성에는 덜 주안점을 둔 배경에는 인간은 만들어가는 존재라는 믿음이 있다. ≪내 잘못일까? 어느 아버지의 이야기Min skyld? En fars historie≫(2014)에서, 아네르스 브레이비크의 아버지 옌스 브레이비크Jens Breivik는, 자신이 아들을 잘못 양육했느냐는 의문에 상세하게 답한다. 그는 아들이 어릴 때 이미 아이 어머니에게 양육을 내맡겼고, 전부인이 아이를 키우는 일에 아무 생각이 없었던 까닭에 죄책감을 느낀다고 고백한다. 그의 어머니는 그 책이 자신을 비난한다고 느끼고 자신도 책을 냈다. 그녀는 그 책에서 생물학적 설명을 언급한다. 그녀는 브레이비크에게 젖을 물렸을 때부터 이미 아이가 공격적이라고 느꼈다.

그녀의 해명은 도리스 레싱의 소설 ≪다섯째 아이The Fifth Child≫(1988)를 연상시키는데, 이 소설은 태어날 때부터 뭔가가 어긋나 있는 아이를 다룬다. 아이는 젖꼭지를 너무 세게 물어뜯고, 부모들은 어찌할 바를 모르고 '악마'가 태어났다고 짐작한다. 브레이비크의 어머니가 내놓은 생물학적 설명은 노르웨이에서 환영받는 이론은 아니었다. 그곳의 법체계는 누구에게나 두번 째 기회를 줄 목적으로 고안되었다. 인간에게 양육과 기본 수단을 제공해주면, 나쁜 것을 좋은 것으로 돌릴 수 있다는 생각이다. 바스토이Bastøy 같은 교도소 섬은 그러한 가정을 바탕으로 작동한다. 재소자는 자신의 집과 일이 있지만, 허가없이는 섬을 떠날 수 없다. 재소자들은 많은 자유를 누리고 직업을 가지며 사회에 복귀할 준비를 갖추게 된다. 하지만 그 많은 죽음에 책임이 있는 브레이비크에게 그것을 베푸는 처사는, 많은 사람들에게 너무 가혹한 일이었다.

네덜란드에서도 우리는 범죄와 남성성에 관해 그와 같은 종류의 논쟁을 볼 수 있다. 예를 들어 길거리의 '모로코인 놈들'을 다룰 때다. 어떤 정치인은 그들의 행동거지를 '빈곤함' 탓으로 돌리고, 어떤 정치인은 이 젊은이들이 그들의 전망없는 상황때문에 통제불능이 되었다고 주장한다. 몇몇 포퓰리스트 정치인은 그들의 '문화에 배어'있는 것이라 주장하며 '모로코인 감소 정책'을 원한다.*

흥미로운 다른 사례는 요란 판데르슬로트Joran van der Sloot인데, 이 네덜란드 남자는 스테파니 플로레스를 살해하여 페루의 교도소에 수감 중이며, 나탈리 홀로웨이라는 여성의 실종에 연루되었다는 혐의를 받고 있다. 그의 위키피디아 페이지에서 '성장기' 항목 아래에는, 그가 소년 시절에 혼자일 때가 많았다고 분석해놓았다. 독자는 다음의 방식으로 논하라고 안내 받는다. 그의 성장기에 무슨 일이 일어났는가? 이런 저런 TV 토크쇼에서 말해주는 바로는, 요란은 애초에는 부모들의 지지를 받았지만, 아버지가 돌아가신 뒤에 그의 어머니는 아들과 거리를 두었다. RTL 방송사에서 그 어머니를 심층 인터뷰한 〈요란의 어머니가 말하다 De moeder van Joran spreekt〉라는 제목의 방송에서는, 누구의 잘못이냐는 질문은 덜 전면에 나왔고 아들을 잃은 비극이 더 전면에 나왔다. 그

---

* 네덜란드에서 일부 모로코인을달가워하지 않는 사회적 이슈가 있음 - 옮긴이 주

녀는 자신의 아들과 거리를 두었고, 자신의 다른 아이들이 '훌륭히' 산다는 점을 강조했다. 넌지시 말하고자 하는 바는, '썩은 사과' 한 알이 사이에 끼어 있었고, 그러니 본성의 문제라는 것이었다. 판데르슬로트의 어머니는, 아들의 아버지보다, 네덜란드 사회로부터 더 많은 지지와 공감을 기대할 수 있었고 심지어 도움을 받았다.

" 프랑크 "

젠더에 관련될 때만 '정상'에 부합하느냐의 문제가 중요한 것은 아니다. 우리는 여러 영역에서 '규범'을 정하는데, 지성, 건강, 성장 발달 같은 영역이 그러하다. 보건소에 갈 때마다 보건소 직원은 당신의 아기를 측정하고 모든 데이터를 도표로 기입하여 키, 몸무게, 머리 둘레를 전국 평균과 비교할 수 있게 해준다. 평균과 차이가 너무 나면 '위험하다'. 내 큰 아들이 한 살 반 쯤이었을 때 보건소에서 기입된 도표에 따르면, 그의 머리둘레는 평균보다 훨씬 위로 치솟아있었다. 아무리 아들에게 아무 이상이 없는 듯 보였어도, 보건소 직원들에게는 큰 관심사였다.

어느 금요일 오후에 아이가 아팠다. 열이 있었다. 평범한 독감인 듯했지만, 아이의 숫구멍이 약간 볼록했기 때문에, 우리는 확실히 해두려고 아이를 가정의에게 데리고 갔다. 의사는 아무 이상이 없다고 확신했으나, 아이가 전국 평균에 비해 수치가 높다는 사실 때문에, 우리를 종합 병원으로 보냈다. 담당 의사는 부어오른 숫구멍에 수치까지 높으니 깜짝 놀랐다. 내 아들은 뇌수종을 앓고 있음이 분명했다. 금요일이어서 병원에서 할 수 있는 일은 없었지만, 월요일에 아이는 입원해야 했고 머리에 과다하게 찬 물을 빼내는 배수관을 설치해야 할 터였다. 주말 내내 우리는 벌벌 떨고 있었다. 우리 아들이 뇌 수술을 받아야 한다.

그 월요일 아침에는 다른 의사가 담당이었다. 그녀가 보기에 자신의 동료 의사가 내렸던 분석은 너무 전전긍긍한 것이었다. 그녀에 따르면, 숫구멍의 압력에 대한 가장 확실한 설명은 열때문에 척수액이 팽창한 것이었다. 아무 문제도 없었다. 아니나 다를까, 아이의 체온이 내려가자 압력도 떨어졌다. 우리는 몇 년 동안 이따금 검사 받으러 병원에 들러야 했다. 머리에 스캔 촬영도 받았다. 숫구멍이 약간 비스듬한 듯했지만, 의사는 뇌수술을 할 이유는 아니라고 보았다. 아들은 여전히 머리가 작지는 않지만, 아이에게 잘 어울린다. 얼마전에 누가 말했다.

'엄청 큰 머리를 갖고 있네.'

'정상'에서 조금이라도 벗어나면 금세 '위험한' 듯 싶지만, 항상 그런 것은 아니다.

5

스칸디나비아의
젠더 중립성

스웨덴에는 보부아르의 육아 철학이 가장 많이 구현되었다. 어린이집들은 인칭 대명사 'han'(그)과 'hon'(그녀)을 없애고 중성적인 'hen'으로 대체한다. 남자들은 아이가 태어난 후 6개월에서 1년까지도 육아 휴직을 낼 수 있는데, 그래도 모두를 만족시키지 못한다. 여자아이지만 중성적인 소녀 삐삐 롱스타킹도 스칸디나비아 출신으로 지붕에서 뛰어내리기를 좋아하고 만사에 대담하며 자신의 아버지의 배에 탄 선원 모두보다 힘이 세다. 주목할만 한 점은 삐삐가 전혀 양육을 받지 '않았다'는 사실이다. 삐삐의 아버지는 해적으로, 바다를 떠돌아다닌다. 어머니는 돌아가셨다. 스칸디나비아의 문화 예술에서는 어머니의 부재가 거의 당연하게 나온다. 한편으로는 그 점을 높이 치는데, 작품 속의 그러한 접근 방식은, 북부 국가들에서 여성 지도자들과 자기 주장이 확실한 소녀들을 만드는 결과를 낳았기 때문이다. 하지만 광범위한 여성해방은 극단적 예로 삐삐처럼, 등한시된 어린이 세대로 이어질 것이다. 삐삐를 페미니스트 역할 모델이라고 하자. 삐삐는 서구 문학에서 가장 방치된 어린이의 롤모델이기도 하다. 그녀를 바로잡아 주거나 경계를 정해주는 사람은 없다.

스칸디나비아 문화 예술에는 사례가 더 있다. 잉마르 베리만Ingmar Bergman 감독의 영화 〈가을 소나타〉(1978)에서는, 불행한 한 여성이 자신의 어린 시절을 되돌아보며 어머니를 원망하는 모습이 나오는데, 그 어머니는 딸보다 피아니스트로서 자기 일을 더 중요히 여기고는 했다. 스칸디나비아의 인기 드라마에도 사례는 넘친다. 드라마 속 부모들은 하나같이 그렇다. 아버지와 어머니 둘 다 자기 일에 너무 바쁘고 아이들은 그때문에 소외 받는다. 〈여총리 비르기트Borgen〉(극중 인물 비르기트 뉘보르Birgitte Nyborg 말고도, 야심에 찬 언론인 카트리나 폰스마르크Katrine Fonsmark도 자녀와 연결이 끊긴다)와 〈더 킬링The Killing〉을 떠올려 보라. 방치된 아이들은 대리 엄마·대리 할머니들의 손에 어린이집에 보내어지기는 하지만, 끝내 시설에 수용되어 억지로 '행복 알약'을 받거나(비르기트 뉘보르의 딸) 한번도 집에 있던 적이 없는 어머니를 비난한다(〈더 킬링〉에서 사라 룬Sarah Lund의 아들). 도덕적 교훈은, 주로 부재하며 실패한 어머니에 적용된다. 구시대적인 '엄마 탓하기mother blaming'이라고 할 수도 있겠지만(아이의 탈선에 아버지의 책임은 훨씬 적다고 여긴다), 문제가 거기서 발생한다는 점은 어쩌면 현실적이다.

이러한 상황은 아버지들도 투덜거린다. 노르웨이 작가 칼 오베 크나우스고르Karl Ove Knausgård는 자전 소설 ≪나의 투쟁Min Kamp≫에서, 베이비댄스를 하며 유모차를 밀고 가는 남자들 사이에서 남성성을 빼앗긴 듯이 느껴진다는 불만을 여러 차례 괴로워하며 적는다. ≪나의 투쟁 2≫에서 그는 이렇게 쓴다.

유모차를 끌고 다니는 남자들을 보면서 내가 느끼는 혐오감은 양날의 칼처럼 안팎으로 작용한다. 나도 그들과 마찬가지로 유모차를 밀며 걸으니 말이다. (…) 유모차를 끌고 시내를 돌아다니고 집에서 아이를 보살피는 일은 내 삶에 발전을 가져다주지 못한다. 오히려 이런 행위는 내 삶에서 무언가를 빼앗아갔다. 나라는 인간의 한 부분, 남성적인 부분을 없애버리는 것이다. 머릿속의 생각은 나의 이런 행위가 훌륭하다고 칭찬을 멈추지 않는다. 내가 유모차를 끌고 집에 앉아 바니아를 보는 건 린다와 내가 바니아와의 관계에서 동등한 책임과 의무를 다하기 위해서라는 걸 나도 잘 알고 있다는 말이다. 하지만 나를 파고드는 느낌, 가끔은 절망의 구렁텅이까지 몰고 가는 느낌은 유모차를 끌고 바니아의 기저귀를 갈아주는 내 모습을 너무나 짓눌러서 작고 초라하게 만들어 사지를 움직일 수 없을 정도다. 문제는 어떤 기준을 적용하였는가였다. 부부가 의무와 권리를 평등하게 행사해야 한다는 것을 기본적 지표로 삼는다면 나를 비롯한 남성들이 부드러움과 친밀하게 행동하는 일은 아무런 문제가 되지 않는다. (…) 내가 몸담고 사는 현세대의 문화는 이전 세대 여자들의 역할과 책임으로 여겨졌던 일들을 남녀가 함께 나누어 하는 것을 당연시하고 있다. 나는 자기 운명에 스스로 발등을 찍은 오디세이가 되어버린 것 같은 기분이 들었다. 때늦은 감이 없지 않지만 자유의 몸이 되기 위해선 내가 가지고 있는 모든 것을 내놓아야만 한다. 하지만 그럴 마음은 추호도 없었다. 나는 현대적이고 여성적인 남자로 위장한 채 스톡홀름 거리를 걸었다. 물론 내 내면에는 치솟는 울분으로 어쩔 줄 모르는 19세기 남자가 자리하고 있었다.

　-《나의 투쟁 2》, (칼 오베 크나우스고르, 손화수 옮김)

스칸디나비아에서는 아마도 그 반대가 금기시되어 있는 모양이다. 남자들에게는 사람을 돌보는 태도를 지니라는 압박이 있는 반면, 여자들에게는 삐삐 같은 행동을 기대한다. 최근의 소녀 대상 책을 보면 그 경향이 네덜란드에서도 유행인것 같다. 책마다 소녀는 '대담'하거나 '용감'해야 하며, 나무 위를 오르고, 칼을 휘두르며 달리고, 요리는 금기다.

미국 작가 캐롤린 폴Caroline Paul의 ≪용감한 소녀들이 온다The Gutsy Girl≫가 그 예다. 폴은 소녀들이 더 많은 도전을 받고 한계에 도전하기를 바란다. 이 책의 네덜란드 번역본에는, 요트로 단독 세계 일주를 한 라우라 데커르Laura Dekker가 '용감한 소녀'의 현대적 예로 실려있다.

TOP 5

고정적 성 역할에서 벗어난, 멋진 어린이책

1. ≪산적의 딸 로냐 Ronja rövardotter**≫ (1981),**

≪내 이름은 삐삐 롱스타킹 Pippi Långstrump **≫ (1945)**

: 아스트리드 린드그렌 Astrid Lindgren

린드그렌의 책에는 모험을 좋아하고 과감하게 도전하는 소녀들이 나온다. 이런 소녀들에게는 도적이거나 해적인, 역시 박력있는 아버지들이 있다. 안타깝게도 어머니에 관해서는 많이 나오지 않지만, 이 소녀들은 소년보다 용감하고 강하다.

2. ≪오총사 The Famous Five**≫ (1942-1962)** :

에니드 블라이튼 Enid Blyton

다섯 명의 아이들이 미스테리를 풀어간다. 아이들은 아주 다양하다. 조지가(원래 이름은 조지나인데 조지로 불리길 원한다) 가장 놀라운 인물인데, 짧은 머리의 선머슴 같은 소녀이며 통솔하기를 좋아한다.

3. ≪내 말은, 넌 그냥 여자야 George**≫ (2015) : 앨릭스 지노**Alex Gino

조지는 소녀적인 것을 좋아하는 소년이다. 어느 날 그는 연극에서 주인공역 샬롯을 맡고 싶어하고, 소녀로 커밍아웃을 경험한다.

4. ≪마틸다Matilda≫ (1988) : 로알드 달 Roald Dahl

비범한 한 소녀가 비정한 부모들에 맞서 싸우며 자신의 마술 능력을
발견한다.

5. ≪소녀를 위한 용감한 책 The Daring Book for Girls**≫ (2008)**

: 안드레아 뷰캐넌 Andrea J. Buchanan,

미리엄 페스코위츠 Miriam Peskowitz

칼을 갈고 나무에 올라가는 모험적인 소녀들을 위한 지침서

6

성인지적 양육

　'젠더 중립적'이라는 용어에는, 마치 남녀간 차이가 없다는 듯이 행동하며, 여자아이와 남자아이가 서로의 전형적인 특성을 받아들인다는 의미가 들어있다. 그게 뭐든 간에 굉장히 사내다운 것을 좋아하는 남자아이들과, 소녀다운 것을 좋아하는 여자아이들에게는 다소 팍팍할 수도, 심지어는 좌절감을 줄 수도 있다. 그래서 우리는 '성인지적性認知的'이라는 용어를 쓰자고 제안한다. 부모로서 당신은 아이들에게 잠재적인 성별 차이를 너무 많이 혹은 너무 적게, 잘못 장려하거나 확정해주고 있다는 사실을, 당신은 되도록 많이 인지하고자 노력한다. 성인지 의식이 있는 부모는 주변 환경이 어떤 압박을 주는지 인지하고 있고, 그래서 전통적인 성역할 패턴에 그다지 많이 신경 쓰지 않는다. 그 점이 중요한데, 성인지 의식이 있는 부모는 자신의 행동이 자녀의 행동에 영향을 준다는 사실을 인지하고 있기 때문이다.

　물론 갈팡질팡하는 경우가 많다. 보부아르의 작품 때문이기도 하지만 아버지나 어머니로서의 당신의 역할은 50년 전처럼 분명하게 구분되지 않는다. 남성성과 여성성에 관해 (무의식적인) 이미 선입견에 빠지기 때문에, 자신의 성 역할에 계속 비판적으로 의문을 던질 수 밖에 없을 것이다. 더 나아가, 역할 간에 서로 맞아야 하므로, 어떤 성 역할을 하고 싶은지 서로 대화해야 한다. 부모 두 사람 다 정확히 똑같이 하고 싶어 하는 것으로 드러난다면, 그때는 공평하게 나누는 것이 좋다.

케이스와 어머니의 사례로 돌아가보자. 젠더와 섹스, 본성과 양육, 그 둘의 상호작용, 두뇌의 가소성에 관해 좀 더 알게된 지금, 케이스의 어머니에게 무어라고 조언할 수 있을까? 케이스에게 학교에서 행동을 좀 자제하라고 하는 것도 나쁘지 않을 수 있다. 그러면 그의 자제력도 발달할 것이다. 그리고 그의 어머니는 아이가 가끔 학교 밖에서는 제멋대로 맘껏 놀 수 있는 기회를 만들어줄 수 있다. 어머니가 같이 뛰어논다면 정말 좋을 것이다. 요즘에는 아버지와 어머니 사이의 전통적인 역할 분담은 진짜 없기 때문에 괜찮다.

" 프랑크 "

나는 페달을 힘껏 밟아야했다. 상당히 가파른 다리를 오르고 있었고 내 앞뒤로 아이가 있었기 때문이다. 내 앞에는 한 엄마가 여유롭게 자전거로 경사를 올랐다. 그녀 옆에는 그녀의 아이가 자전거를 타고 있었다. 아이는 좌우로 비틀비틀거리고 있었다. 나는 위험하다는 생각이 들었고, 자기 아이에게 그다지 신경쓰지 않는 그 엄마에게 화가 났다. 다리를 건너자, 나는 그 둘을 따라잡을 수 있었다. 그의 긴 머리때문에, 나는 그가 여자인 줄 알았다. 어, 아버지네, 하는 생각이 머리를 스쳤고, 그러자 갑자기 그가 아이를 그렇게 비틀거리게 둔 것이 그리 문제로 여겨지지 않았다. 아버지들이야 아이들과 재미있게 뭘 해도 괜찮았다. 나는 아이들을 대하는 아버지와 어머니의 다른 방식을 놓고 성 역할 고정관념으로 생각하고 있다는 걸 깨달았다.

철학에서 얻은 TIPS

시몬 드 보부아르

- 남자아이가 네 살이 되어도 계속 안아주어라.
- 여자아이들에게 도전을 장려하라.
- 어머니로서, 여성의 생식기에 관해 긍정적으로 이야기하라.
- 여성으로서, 계속 일을 함으로써 딸들에게 좋은 본보기가 되어라.
- 말할 때 표현에 주의하라. 여자아이에게 '와, 정말 예쁘구나.' 또는 '너 참 예쁜 원피스를 입었구나'와 같은 외양에 관한 말을 계속 하지 말아라. 여자아이에게 아이가 한 행동을 칭찬하라.

주디스 버틀러

- 전형적인 아버지 행동과 어머니 행동을 서로 섞어서, 참신한 뜻밖의 일들을 하라.

코델리아 파인

- 일반적으로 '남성적'이라고 지칭되는 수학이나 과학, 기술 과목을 여자아이들도 잘 할 수 있다고 확인시켜주어라.

☀ 과감하게 갈팡질팡하라!

아이 키우기는 언제나 갈팡질팡하며 가늠하는 일이었다. 아이들은 끊임없이 변하기 때문이다. 아이가 세 살 때는 통했던 규칙과 요령들이 일 년 후에는 효과가 없을 수도 있다. 아이들이 부모가 대충 대하고 있다는걸 깨닫게 되면, 예를 들면 말 한 마디를 반복하기만 해서, 아이들의 말을 들었다고 느끼는, '그래서 아이스크림 먹고 싶다고?'와 같은 대꾸)가 이제는 통하지 않는다. 그리고 첫째 아이에게는 통했던 것이 둘째 아이에게 반드시 통하란 법도 없다. 더구나, 변하는 것은 아이들만이 아니라, 당신 자신과 배우자 또한 변한다. 그래서 부모들은 항상 이리저리 재어 보게 된다. 그리고 오늘날 우리는 유례없이 갈팡질팡한다. 왜 지금 그러한가?

첫째, 우리는 명료한 관습이 사라진 후기 전통사회에 살고 있기 때문이다. 하지만 가족이 좋은 점은, 그 가족의 고유한 전통을 만들기가 쉽다는 것이다. 식사, 잠자러 가는 시간, 생일 챙기기, 파티 열기를 할 때 반복되는 습관은 첫째 아이에게는 이미 가족만의 관습이 되고, 두번 째 아이도 그 관습에 익숙해질 것이다. 그 관습에 대해 부부가 또는 자녀와 대화하는 일은 양육의 일부이다. 관습이란, 키잡이 딜레마 1에서 드러나듯이, 존 로크에 따르면 관습은 아이들을 가르치는 가장 좋은 방법이다. 후기 전통사회에서, 아이를 가지겠다는 선택은, 대체로 나이가 좀 들어서 의식적으로 내린 결정일 때가 많다. 그래서 당신은 정말로 잘 하고 싶고 생각을 더 깊이 하기 시작한다. 그러니 갈팡질팡 가늠한다.

둘째, 요즘은 여유가 있는 사람이 더 많아졌고, 그래서 아이들이 할 수 있는 일이 엄청나게 많다. 테니스나 하키? 아니면 둘 다? 아니면 그래도 그냥 음악 교습? (아이와 부모는) 그 사이에서 선택해야 하고, 거기에는 키 잡기 스트레스가 따른다.

지금 부모들이 갈팡질팡하는 또다른 이유는, 부모의 역할이 예전처럼 분명하지 않다는 점이다. 혹은, 더 좋게 말해서, 가능한 역할이 더 많아졌기 때문이다. 계몽주의 시대 이후로 여성은 갈수록 더 이성을 지닌 존재로 간주된다. 보부아르(키잡이 딜레마 3) 같은 사상가의 지도에 따른 여성해방 운동은, 여성이 가사를 돌보는 것을 이제 당연하게 여기지 않게끔 만들었다. 여성도 일할 수 있고, 아버지도 그만큼 육아에 동참할 수 있다. 선택 가능성이 늘어나므로, 바람직한 발전이다. 한편으로는 골칫거리이기도 하다. 역할이 고정되어 있으면, 무엇을 해야하는지 누구나 알고 있으니 명료하다. 그런데 역할이 고정되어 있지 않으면, 계속 다시 상의해야 하고, 최상의 방법을 찾아야 하며, 다시 상의해야 하고, 끝이 없다.

그도 그럴 것이, 이리저리 재지 않는다는 것이, 보통은 문제가 없다는 의미가 아니라, 적극적으로 대처하지 않고 있다는 의미이며, 그러면 잘못될 가능성이 있다. 두 가지 일이 일어날 수 있다. 싸움이 일어나거나, 가능성이 더 크기로는, 과거의 패턴과 역힐로 돌아가고 마는 깃이다. 사회는(예를 들어 할머니나 할아버지) 어머니에게 아이 돌보기 책임을 더 지우고, 그래서 어머니는 더 책임감을 느끼며 결국에는 집에서 대부분의 일을 맡는다. 이를 방지하기 위한 유일한 방법은 적극적으로 타협하는 것이다. 최선의 역할 분담에 대해 계속 생각해야 한다. 역할 분담에 관해 서로 합의을 하고, 그 약속을 평가하며 필요하면 조정한다. 타협을 수용하는 것은 당신의 부모로서의 삶을 절충하는 기회가 된다.

우리가 지금 그렇게 가늠하기를 하는 네번 째 이유는, 신속하고 새로운 기술 발전 때문이다. 아이들은 일상적으로 인터넷을 함으로써 믿기 어려우리만치 많은 정보에 열려있다. 아이들은 예전보다 영리하다. 일이 돌아가는 사정에도 더 빨리 관여한다. 그리고 게임, 소셜 미디어, 포르노 같은 유혹에 많이 노출되어 있다. 부모로서 그런 것에 꾸준히 신속하게 대응해야 한다. 기술 발전이 아주 빠른 속도로 뒤따르기 때문에, 양육법을 조정하고 가늠하는 일이 필수적이다.

다섯 째로, 양육관이 계속 변화하기 때문이다. 사회에 내재된 이 양육관은 근래에 더 빠른 속도로 교체되고 있는 듯하다. 예를 들어 당신의 부모가 권위적인 육아법에 반대하여 당신은 자유로운 양육을 받았다면, 당신은 너무 자유로운 육아법에 다시 반대할 수도 있다. 요즘은 '권위'가 더 필요하다는 목소리가 대세로 보인다. 우리는 자유로운 양육과 권위적 양육을 가르는 경계면에 놓여 있다. 테러리즘, 불안 및 위험 위주의 사고, 대도시 생활과 같은 사회적 변화는 아이에게 자유와 탐험할 여지를 덜 허용해주는, 보호형 부모를 만들어내고는 한다. 개별 아동의 요구에 대한 사회적 관심은 때때로 더 많은 권위와 민주적 시민의식 함양의 요구와 다시 상충한다. 그리고 시장주의적 사고는 아이들의 개별적 요구를 희생시키고, 일반적인 패턴으로 양육한다. 이러한 모순 역시 부모를 갈팡질팡 가늠하게 만든다.

다양한 딜레마가 보여주었듯이, 가늠하는 일이 항상 즐겁지는 않다. 이리저리 재어보는 일은 스트레스를 주며, 상의하고, 숙고하고, 주저하는 데는 시간이 걸린다. 당신은 정확히 알지 못한다는 사실을 인정해야 한다. 그러면 어떻게 해야 하는지에 대해 대답을 다 갖고 있지 않지만 지금 하고 있는 방식에 의문을 제기해야 한다. 말할 수 있는 편이 훨씬 더 좋다. 이것이 우리 방식이며, 다른 도리가 없다고. 그런 이유로, 많은 육아서가 완성된 답변을 내놓는다. 앞에서 다룬 딜레마들에는 이런 책들이 많이 스쳐갔다. 그 시장이 아주 크다는 점은 놀랄 일이 아니다. 부모들은 육아를 하는 자세한 방법을 누군가 알려줬으면 한다. 미리 만들어진 답이 없다는 것을 우리가 알려준게 되었으면 한다. 짜증나는 말이지만, 모든 아이에게 통하는 단 하나의 방법은 없다. 그러니 이리저리 재어볼 수 밖에 없음을 받아들여라. 당신이 갈팡질팡할 때, 그것은 잘못하고 있다는 표시가 아니라, 잘하고 있다는 표시다. 어떻게 하면 아이를 가장 잘 양육할 수 있을지 깊이 생각한다는 의미다. 갈팡질팡하며 가늠하기를 하고 있다면, 깨달음으로 가고 있는 셈이다.

☀ 철학적으로 갈팡질팡 가늠하기

준비된 답이 없는 예상치 못한 상황에 처했을 때, 우리는 타협한다. 아래의 접근법은 예기치 않은 상황에 구조를 부여하고, 갈팡질팡 가늠하기를 가능한 건설적으로 만드는 데 도움이 될 수 있다.

1. 딜레마를 말로 표현한다

2. 개념을 조사한다. 문제가 되는 개념이 있는가? 그 개념들을 말로 잘 표현하면, 문제를 작게 만들 수 있는가? 또는 적어도 문제가 무엇인지 선명하게 만들 수 있는가?

3. 어떤 딜레마가 그 뒤에서 작동하는지 결정한다. 규칙 대 경청에 관한 것인가? 개인적 행복 대 바람직한 시민의식인가? 젠더 중립성? 복합적인가? 아니면 다른 사안인가?

4. 나는 딜레마의 어느 쪽 입장인지 결정한다. 예를 들면, 자녀가 악수하기를 싫어하는 경우에, 개인적 행복이 시민의식보다 중요하다고 생각하는가?

5. 딜레마의 그 쪽 입장에 어떤 전문가가 있으며 어떤 해결책을 제시하는지 찾아본다.

6. 전략을 결정한다.

7. 그 전략을 몇 차례 적용한 후, 전략이 효과가 있는지 자문해본다.

8. 전략을 조정하거나, 중단하거나, 계속하거나, 완료한다.

경청	권위
루소	플라톤
로크	칸트
고든	수리남 타이거 마더/중국 타이거 마더
영적인 양육	페르하헤/빌럼 더용
개인의 행복	시민의식
루소	플라톤
아리스토텔레스	미샤 더빈터르
젠더 중립적	남자아이/여자아이
울스턴크래프트	루소
보부아르	존 그레이
버틀러	스왑
클레인헤런브링크	

우리가 했던 강연에서 어떤 어머니가 제출한 최근의 구체적 사례를 바탕으로 우리의 접근법을 설명하고자 한다.

1단계 : 딜레마를 말로 표현한다

딜레마 : '여섯 살된 제 아이 사라는 점점 버릇없어지기 시작합니다. 외투를 바닥에 던지고, 제가 정리하라고 하면, 아이는 그냥 무시하고 못 들은 척 합니다. 그래서 제가 화를 내면 아이는 갑자기 깜짝 놀라 쳐다 보지요. 마치 제가 아이에게 나쁜 짓을 하기라도 한다는 듯이요. 아이는 자기 아버지에게 '엄마는 너무 엄해, 아빠는 다정한데.'하고 말하지요. 제 가 어떻게 해야 될까요? 물건을 제가 주워 치우는 데 시간이 많이 걸리 고 번거롭지만, 저는 계속 치우고 있어요. 더 엄격해야 할까요? 아니면 아이와 대화를 나누어서 왜 아이가 치우지 않는지 알아내야 할까요?'

2단계 : 개념을 명료화한다

'더 엄격하다'는 무슨 의미인가? 언성을 높인다는 의미인가? 말대로 하지 않으면 벌이 생각나는 행동인가? 문제있는 다른 단어는 '더 버릇없 다'는 말이다. '버릇없는' 행동은 어떤 것인가? 외투를 바닥에 던지는 것 은 '버릇없는' 것인가, 아니면 '게으른' 것인가? 버릇없다는 것은 아마도 말을 듣지 않는다는 의미일 것이다.

3단계 : 여기에는 어떤 딜레마가 작동하는가?

어떤 딜레마에 관련된 문제인가? 여기서는 '들어주기' 대 '권위' 딜레마로 보인다. 바닥에 물건을 다 던지기만 하는 경우라면, 사라의 어머니는 아이를 바람직한 시민으로 키울 것인지 말 것인지 고민한다는 점도 될 수 있다.

4단계 : 딜레마의 어느 쪽 입장인가?

어머니는, 사라가 부모의 권위를 받아들이는 것을 중요하게 생각한다는 점은 분명하다. 어머니는 그 권위를 얻는 최선의 방법을 회의하고 있다. 가늠하기를 하지 않았기 때문에 제풀에 화가 나고, '엄격'해짐으로써 권위를 얻으려고 한다. 그런데 이것이 올바른 방법일까? 무엇보다 딸의 반응 때문에 그것을 회의한다. 아이는 어머니가 다정하지 않고 아버지는 그렇다고 생각한다. 아이가 그녀를 다정하다고 생각하는 것이 그녀에게는 더 중요한가? 아니면 아이가 제 손으로 외투를 정리하는 것이 더 중요하다고 보는가? 어쨌거나 그녀는 그 점을 자신에게 물어보아야 한다.

5단계 : 당신의 입장에는 어떤 전문가가 있는가?

권위 쪽 입장에는 임마누엘 칸트와 파울 페르하헤가 있다.

6단계 : 전략을 선택한다

사라가 외투를 계속 바닥에 던진다면, 벌을 주어야 마땅하다고 칸트는 확신할 것이다. 칸트는 유사한 행동을 사라에게 되돌려주라고 권하리라. 어머니는 자신의 외투를 사라의 방에 던질 수 있을 텐데, 사라의 침대 앞 같은 성가신 위치에 말이다. 그러면 사라는 그게 얼마나 귀찮은지 알게 될 것이다. 그런 식으로, 가장 중요한 도덕 법칙 개념을 일찍기 알려준다. 바로 정언 명령(가정에서 모두가 자기 외투를 바닥에 던진다면, 바람직하다고 생각하겠는가? 필시 그렇지 않을 것이며, 따라서 외투는 각자 정돈해야 한다)인데, 사라는 합리적인 대화만으로 이해하기에는 아직 너무 어리기 때문이다. 사라의 어머니는 이런 권위 문제에서 페르하혜를 떠올릴 수도 있다. 페르하혜는 아버지와 상의하여, 부모 둘 다 감독할 수 있는 공동의 규칙을 만듦으로써 이 문제에 주변 사람들이 개입하기를 바랄 것이다.

7단계 : 채택한 전략이 효과가 있는가?

어머니가 칸트식 방법을 채택한 경우, 만약 사라가 어머니의 외투가 번번이 제 침대 앞에 놓여있는 것이 성가신 나머지, 앞으로는 자기 외투를 깔끔하게 걸어놓기로 결심한다면, 환상적일 것이다. 하지만, 어머니의 외투가 제 방 바닥에 있어도 사라는 아무렇지 않을 수도 있다. 어머니가 아버지와 함께 세운 일반적인 규칙을 채택한 경우, 아버지와 어머니가 집을 없을 때가 많기 때문에 규칙을 지키는지 제대로 확인할 수 없는 위험이 있다.

8단계 : 필요한 경우 전략을 조정한다.

당연히 이 접근법은 실제에서는 대부분 정확히 이러한 단계대로 진행되지 않는다. 대개는 앞뒤로 왔다갔다 한다. 예를 들어, 누군가와 문제를 상의하면 그 사람은 생각이 다르므로 당신은 한 단계 뒷걸음질 친다.

이 방법이 백퍼센트 성공을 주지는 않는다. 끝까지 가서도 정확히 무엇을 해야할지 여전히 모르는 경우가 많지만, 문제를 더 잘 이해하게 되어 자녀와 대화를 잘 할 수 있게 될 가능성은 크다. 때로는 당신이 느끼는 회의를(그리고 그 이유) 자녀에게 말로 표현하는 데에도 도움이 되기 때문이다.

양육은 배의 키를 조종하는 일이다. 철학적인 키잡이들은 배가 떠나기 전에 항상 제방에 올라가 위쪽, 오른쪽으로 방향을 잡는 이유를 확인한다. 그들이 반드시 최고의 조타수인 것은 아니지만, 그들이 내린 결정은 어쨌든 의식적인 선택이라는 점에서 정당할 수 있다.

나는 키를 잡고 가늠한다. 고로 나는, 양육자다!

© 권영주

부모 되기의 철학

초판 1쇄 발행 | 2021년 9월 13일
지은이 | 스티네 옌선 · 프랑크 메이스터르
옮긴이 | 금경숙
펴낸이 | 권영주
펴낸곳 | 생각의집
디자인 | design mari
출판등록번호 | 제 396-2012-000215호
주소 | 경기도 고양시 일산서구 중앙로 1455 409호(대우시티프라자)
전화 | 070·7524·6122
팩스 | 0505·330·6133
이메일 | jip2013@naver.com
ISBN | 979-11-85653-78-5 (13590)